U0056422

蔬果花草共生祕訣

木嶋利男

瑞昇文化

活用共生植物栽培
種出美味的蔬菜

互助互惠的關係

共生植物栽培是在不依賴農藥及化學肥料的情況下，栽種健康而且美味蔬菜不可或缺的栽培技巧。

許多植物在自然狀態下，會於受限的環境中互相競爭生存，讓自己處於有利的條件。然而，卻很少有單種植物會獨佔一處，大多以植株高度高矮、根系深淺、喜歡日照和稍微遮陰也能生長等這些方式自動區分，同時順利生長。

不單單只是這樣。不同種類的植物還能藉由共同生長帶來各種好處。植物結成團生長，能阻擋風雨，避免土壤流失。多種植物一起生長，還能使各種蟲類及微生物增加，讓環境更多樣化，避免特定害蟲或病原菌繁殖過剩。在土壤微生物中，像是菌根菌能和許多種植物形成共生關係，透過菌絲網使不同植物之間的養分互相流通。

植物之間不一定都是彼此競爭輸贏求生存，實際上有很多植物能彼此互助互惠，以雙贏的關係互相「共生」。

共生植物栽培是
經驗法則和智慧的集結

這些現象從過去就已經為人所知，並且當作栽培法則應用於栽培上。尤其是耕地面積較少的亞洲農村，會在蔬菜的植株株距栽種其他種類的蔬菜，或是在旁邊的畦栽種其他蔬菜，這些混植方式至今仍然很常見。

如今不只是日本，於小黃瓜或南瓜的植株基部栽種大蔥的方法，已廣泛應用於世界各地。原本是從源自於栃木縣、藉由扁蒲（葫蘆科）和大蔥的混植以預防連作障礙這種傳承農法得到啟發，不過經由科學分析後，發現大蔥的根部棲息著特定的根圈微生物，這些微生物所釋放的抗菌物質能防止土壤病害。研究結果得知，蔥類蔬菜的根部都棲息著相同的微生物，因此發現相同原理也可應用於番茄、茄子的植株基部栽種韭菜，草莓搭配青蔥等混植栽培。

像是本書所列舉的共生栽培方式般，其搭配組合的方式不勝枚舉，不過有如上述經過科學證明的機制卻是佔少數。然而，共生植物可說是栽培的經驗法則和智慧的集結。若某些植物組合能出現效果，就算時期或場所不同，只要具備重現性，就可以繼續應用於栽培。透過共生植物栽培，發揮植物原本的力量，提高田間如此小小生態系的各方面能力，栽培出健康又美味的蔬菜吧。

木嶋利男

何謂共生植物？
4 種共生植物栽培的效果

預防疾病

藉由微生物的力量擊退病原菌

大蔥、韭菜等蔥類的根部所共生的微生物，會釋放出抗生物質，減少造成葫蘆科、茄科土壤病害的病原菌。

例：小黃瓜×大蔥、番茄×韭菜、草莓×大蒜等

運用菌寄生菌

也有利用容易罹患白粉病的大麥、車前草等，增加菌寄生菌，抑制會對於蔬菜帶來危害的病菌這種方法。

例：小黃瓜、麥、葡萄×車前草等

迴避害蟲

藉由氣味或顏色防治

植物為避免遭到蟲子啃食，會在體內自行合成對於害蟲造成毒害的忌避物質或防禦物質。在進化的過程中練就一身能力，可將這些效果無毒化的就是「害蟲」。然而，這種能力只限定於極少部分的特定植物。害蟲會將植物的氣味或是顏色視為訊號，避開會對自己產生毒害的危險物質，只啃食特定植物。若將不同種類的蔬菜混植，就能混淆害蟲，不再靠近目標蔬菜，同時還能守護栽種於附近的其他蔬菜。

例：番茄×羅勒、高麗菜×萵苣（火焰生菜）、蕪菁（大頭菜）×紅蘿蔔等

所謂共生植物（companion plants），是指適合一起栽培且能互利共榮的植物。
中文也有「共榮作物」一詞，不過共生栽培可能是搭配組合的兩種植物都能得到效果，
或是其中一種植物得到較大的效果。
其效果可分成以下四種。
同一種組合也有可能出現兩種以上的效果。

增加天敵

相較於大多數害蟲只啃食特定的植物，天敵（益蟲）則有捕食多種害蟲的傾向。利用此特性的就叫做「天敵溫存植物（banker plants）」。在蔬菜的周圍種植其他種類植物，藉由增加天敵以減少蔬菜的害蟲。

例：青椒×金蓮花

促進生長

給予適度壓力

將不同種類的蔬菜就近栽種，能增加植株高度或是採收量。根系彼此互助伸長，促進水分吸收，或是促進空氣流通等。透過從葉片、莖或根部所分泌的特定物質，根部周圍的微生物，也有促進養分吸收的作用。混植能為植物帶來適度壓力，促進花芽分化，或是能提升抵抗病蟲害或氣候變化的能力。另外，豆科植物則是能藉由微生物的作用，讓土壤變得肥沃、促進生長。

例：番茄×落花生、地瓜×生薑、草莓×大蒜等

有效活用空間

多增加一種類，栽培更多蔬菜

空間利用可說是共生植物栽培的最大好處。若有適合一起栽培的蔬菜，就能縮小間隔栽種。這就是「一斗枡只能裝一斗份的牛奶，不過若和小米混合，就能裝入一斗牛奶和一斗小米」的概念。能在植株基部的多餘空間栽培多一種蔬菜，增加採收量。尤其是在個人農園等面積有限的栽培更顯效果。

例：玉米×南瓜、茄子、洋香菜、青椒×落花生、地瓜×無蔓豇豆、地瓜×生薑等

※一斗：早期日本用來計量米、酒、小麥等食品或液體的工具。

發揮出最佳效果
栽培的基本和重點

混植
在同一個畦
栽種不同蔬菜

[基本]
在相同蔬菜的植株之間栽種其他種類的蔬菜。主要蔬菜能採收到和單作時相同的收成量，而混植的蔬菜也能採收到一定程度的量，基本上可增加總收成量。重點在於共生栽培的位置關係，以及開始栽培的時機點。

重點：充分理解所栽培蔬菜的特性，並加以活用。番茄和落花生的混植，除了「高植株類型（番茄）×矮植株類型（落花生）」之外，同時也是「吸肥力強類型（番茄）×促進土壤肥沃類型（落花生）」的組合。落花生需要日照充足才能長得好，而且更加美味，因此比起番茄的植株之間，更適合栽種於畦的前後兩側以確保充足日照。同時落花生的莖和葉能覆蓋地面，為番茄帶來敷蓋（mulching）的效果。
將十字花科的高麗菜和菊科的萵苣加以混植，主要目的是迴避高麗菜的害蟲。一般而言，每 4～5 顆高麗菜栽種 1 株萵苣就能達到效果，不過紋白蝶或是小菜蛾幼蟲危害較嚴重的農地，可增加萵苣栽種的數量。

間作
巧妙運用
生長期間的差異

[基本]
間作所利用的每種作物生長期間的差異。一般混植是整個期間內一起栽培兩種以上的作物，而間作則是在某個作物採收前的一定期間內，一起栽培其他作物。舉例來說，茄子可從春季長期間栽培直到秋季，這時候可在同一個畦內，於春天種植栽培期間較短的無蔓四季豆，到了夏天即可於茄子的植株基部播下白蘿蔔的種子繼續栽培。這種栽培方式稱為「間作」。

重點：春天採收的高麗菜和蠶豆的組合，是將蠶豆當作為高麗菜植株阻擋寒風的植栽加以搭配。並非只是種在一起就好，而是要同時考量到風向並加以運用。
洋蔥田裡播下綠肥植物緌車軸草的種子，目的是促進土壤肥沃。而芋頭的植株之間栽種芹菜，目的則是利用遮陰效果。應理解每種共生組合的目的進行栽種。
馬鈴薯和芋頭的間作，是利用馬鈴薯的行間及畦和畦之間的空間，在馬鈴薯採收前開始栽種芋頭。像是在馬鈴薯的覆土作業結束時定植芋頭等，考量作業效率的同時活用共生栽培。

混植、間作的基本類型

單子葉植物×雙子葉植物
青椒（雙子葉植物）和韭菜（單子葉植物）的混植。雙子葉植物在發芽時會長出兩片子葉。單子葉植物除了蔥類植物以外，還有禾本科、天南星科等。由於根圈微生物相異，所吸收的肥料成分也不同。

深根類型×淺根類型
菠菜（深根類型）和青蔥（淺根類型）的混植。能避免根系互相競爭。

高植株類型×矮植株類型
植株高度較矮的落花生，在植株高度較高的茄子基部生長良好。不會互相競爭葉片的生長空間，有效利用空間。

若要發揮共生植物栽培的效果，就必須要調整每片農地適合的栽培時期、
混植時的距離，以及品種等條件。
不斷累積經驗，才能找出屬於自己的共生植物栽培運用方法。
在這裡將共生植物栽培的基本和重點，
分成三種類型加以解說。

接力栽培

活用前後作的搭配效果

[基本]

共生植物適合搭配的組合，在大部分的情況下，不論是前作或後作的組合也能帶來正面的效果。前作的栽培能調整後一作的環境，因此不只是能讓後作長得更好，有時候還能省去施用堆肥和基肥、耕耘整地的期間，更有效利用農地。

重點：在洋蔥田栽種南瓜或秋收茄子，或是在白蘿蔔之後栽種高麗菜，可藉由前作減少病原菌，有助於預防疾病。

另外，利用栽培完毛豆土壤變得肥沃的場所，就能減少肥料的用量。然而，就算是相同的場所，大白菜所需要的肥料量會比青花菜還多。理解栽培作物的特性及效果，才能更聰明靈活地運用共生栽培。

◎應避免的組合

也有與共生植物相反，一起栽培反而會帶來不良影響的組合。在高麗菜周圍栽種馬鈴薯，會因為高麗菜的相剋作用（allelopathy），使馬鈴薯生長不良。下圖就是在緊鄰高麗菜的畦上栽種馬鈴薯，呈現生長不良的樣子。

另外，也有病蟲害共通的組合。小黃瓜和四季豆雖然是能促進生長的組合，不過兩種作物都會寄生根瘤線蟲，促進增殖。線蟲危害嚴重的農地應避免此組合。其他應避免的組合請參閱 p.127。

喜好充足日照的類型×
遮陰處也能生長良好的類型

生薑能在芋頭大片葉子的遮陰下生長良好。有效利用空間，還能提升品質。

吸肥力強的類型×
能讓土壤肥沃的類型

玉米的吸肥力強，能吸收大範圍的養分。而豆科的大豆（毛豆）能藉由根粒菌的作用讓土壤變得肥沃。

生長期間長的類型×
生長期間短的類型

利用白蘿蔔根部肥大之前的空間，採收芝麻菜。還能藉由芝麻菜的氣味驅趕害蟲。

Contents

一起栽種的共生植物

X
[混植・間作]

輪流栽種的共生植物

[接力栽培]

長出美味果實的
果樹共生植物

X
[果樹栽培]

column

※栽培時期是以日本關東地區為基準。

一起栽種的共生植物

[混植・間作]

將不同種類的蔬菜，於相同時期近距離栽種的「混植」，以及於一定期間內一起栽種的「間作」代表範例，依照不同種類的蔬菜加以介紹。組合的作物除了蔬菜以外，也有香草、草花及雜草，皆為能互利共生的組合。

番茄 X 落花生

促進生長
活用空間

促進番茄生長，還能帶來遮蓋作用

栽培番茄時若肥量過量，會造成難以結果實或是果實水分變得太多。如果和落花生混植，就算不施加追肥，也能藉由附著在落花生根部根瘤菌的作用，固定空氣中的氮，使土壤變得肥沃，適度供給番茄養分。另外，落花生的根部容易附著菌根菌，可將磷酸及礦物質等養份傳遞給番茄。

落花生是匍匐於地面生長，因此可代替覆蓋物（mulch）為土壤保濕。多餘的水分也會由落花生吸收，所以能使土壤保持一定的水分，結果就能栽培出鮮甜、品質安定的番茄。另外，也能減少番茄裂果的情況。

應用：和落花生的混植法，也可應用於茄子及青椒。

栽培程序

【挑選品種】番茄只要是常見的品種皆可。落花生建議挑選「大勝」等匍匐性的品種，才具有代替覆蓋物的作用，栽培容易。

【整土】如果是栽種其他蔬菜時生長良好的土壤，就不需要基肥。如果土壤貧脊，應於定植前 3 週混入成熟堆肥及伯卡西肥，充分耕耘並且立畦。

【定植】於 4 月下旬～5 月下旬一起定植番茄和落花生。

【番茄摘芽】建議摘除側芽，使用單幹整枝的方式栽培。

【追肥】不需施用追肥。

【採收】番茄成熟後即可依序採收。可採收至下霜的時期為止。落花生可於 9 月下旬試著挖出來看看，若長出肥大豆莢時即可全部挖起。

重點

落花生的莖部伸長後，可於每兩週實施 2 次，將道路側的土壤覆蓋於植株基部進行覆土，可藉此促進生長，增加豆莢採收量。

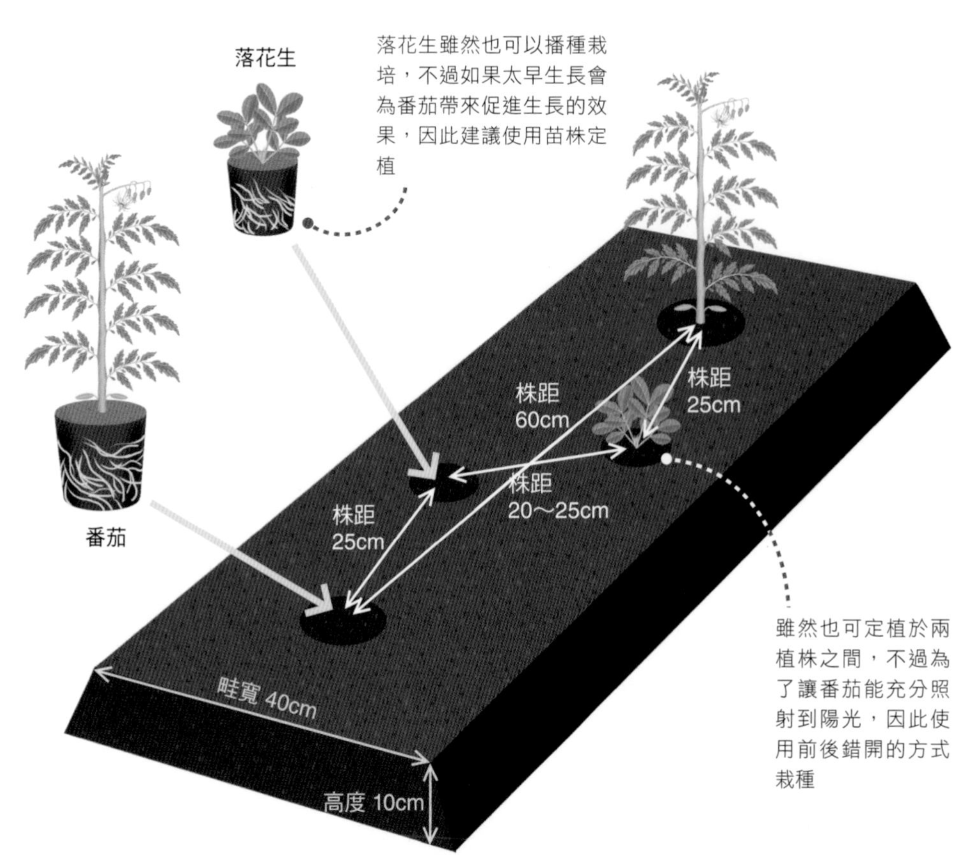
落花生
落花生雖然也可以播種栽培，不過如果太早生長會為番茄帶來促進生長的效果，因此建議使用苗株定植
番茄
株距 60cm
株距 25cm
株距 20～25cm
株距 25cm
畦寬 40cm
高度 10cm
雖然也可定植於兩植株之間，不過為了讓番茄能充分照射到陽光，因此使用前後錯開的方式栽種

能帶來這些效果

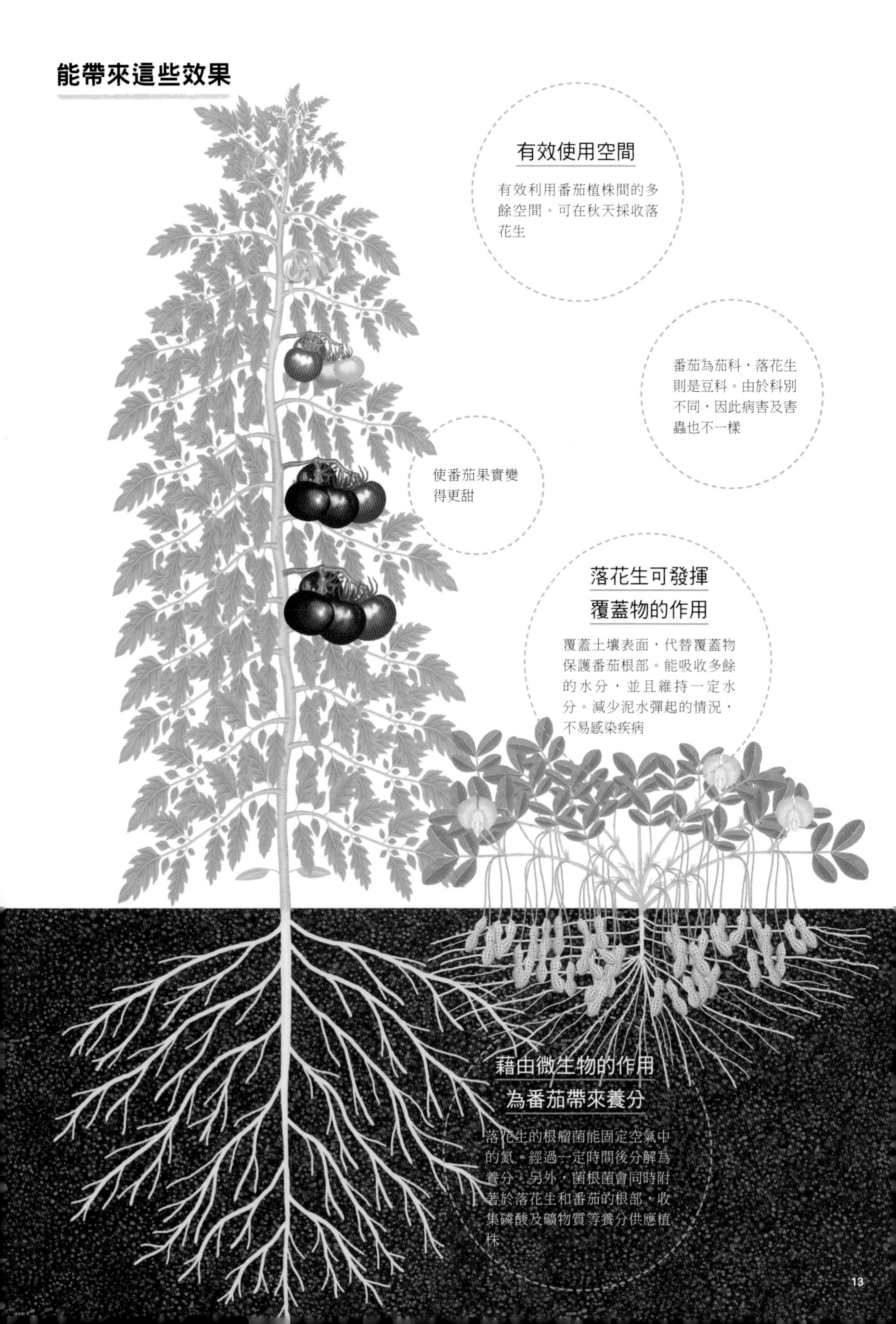

有效使用空間
有效利用番茄植株間的多餘空間。可在秋天採收落花生
番茄為茄科，落花生則是豆科。由於科別不同，因此病害及害蟲也不一樣
使番茄果實變得更甜
落花生可發揮覆蓋物的作用
覆蓋土壤表面，代替覆蓋物保護番茄根部。能吸收多餘的水分，並且維持一定水分。減少泥水彈起的情況，不易感染疾病
藉由微生物的作用為番茄帶來養分
落花生的根瘤菌能固定空氣中的氮。經過一定時間後分解為養分。另外，菌根菌會同時附著於落花生和番茄的根部，收集磷酸及礦物質等養分供應植株

番茄 X 羅勒

促進生長

迴避害蟲

羅勒的氣味可用來驅蟲。果實也會變甜

羅勒和番茄都是具有強烈相剋作用（化感作用）的植物，會讓其他植物無法靠近，不過不知道為什麼，兩者的相容性卻非常好，就算栽種於附近也能健康生長。作為食材的搭配性極佳這點也很有趣。

羅勒的清爽香氣能迴避容易附著在番茄的蚜蟲等害蟲。不過如果栽種距離太近，羅勒會遮擋到番茄的光線而阻礙生長。反之若栽種距離太遠，就無法發揮出驅蟲的作用。栽種的重點在於適當的距離。

就算持續降雨，羅勒也能適當吸收水分，因此可避免番茄果實過於軟爛，提高番茄甜度。

栽培程序

【挑選品種】番茄只要是常見的品種皆可。羅勒可挑選「甜羅勒」、紫色的「黑珍珠羅勒」、「皺葉紫羅勒」等品種栽種。可在定植前 1 個月事先播種育苗。

【整土】如果是栽種其他蔬菜時生長良好的土壤，就不需要基肥。如果土壤貧脊，應於定植前 3 週混入成熟堆肥及伯卡西肥，充分耕耘並且立畦。

【定植】於 4 月下旬～5 月下旬和番茄一起定植羅勒苗。

【番茄摘芽】建議摘除側芽，以單幹整枝的方式栽培。

【追肥】不需施用追肥。

【採收】番茄成熟後即可依序採收。可採收至下霜的時期為止。

重點

當羅勒葉片長出 5～6 對後，可從中央莖部的最上方摘除 2 對葉片採收。一旦長出側芽就隨時摘除前端採收。能讓葉片變得柔軟，香氣更加強烈，害蟲的迴避效果也更好。若提早結束番茄栽培，準備接續下一作時，可將羅勒地上部切除移植，栽種並採收至秋末。

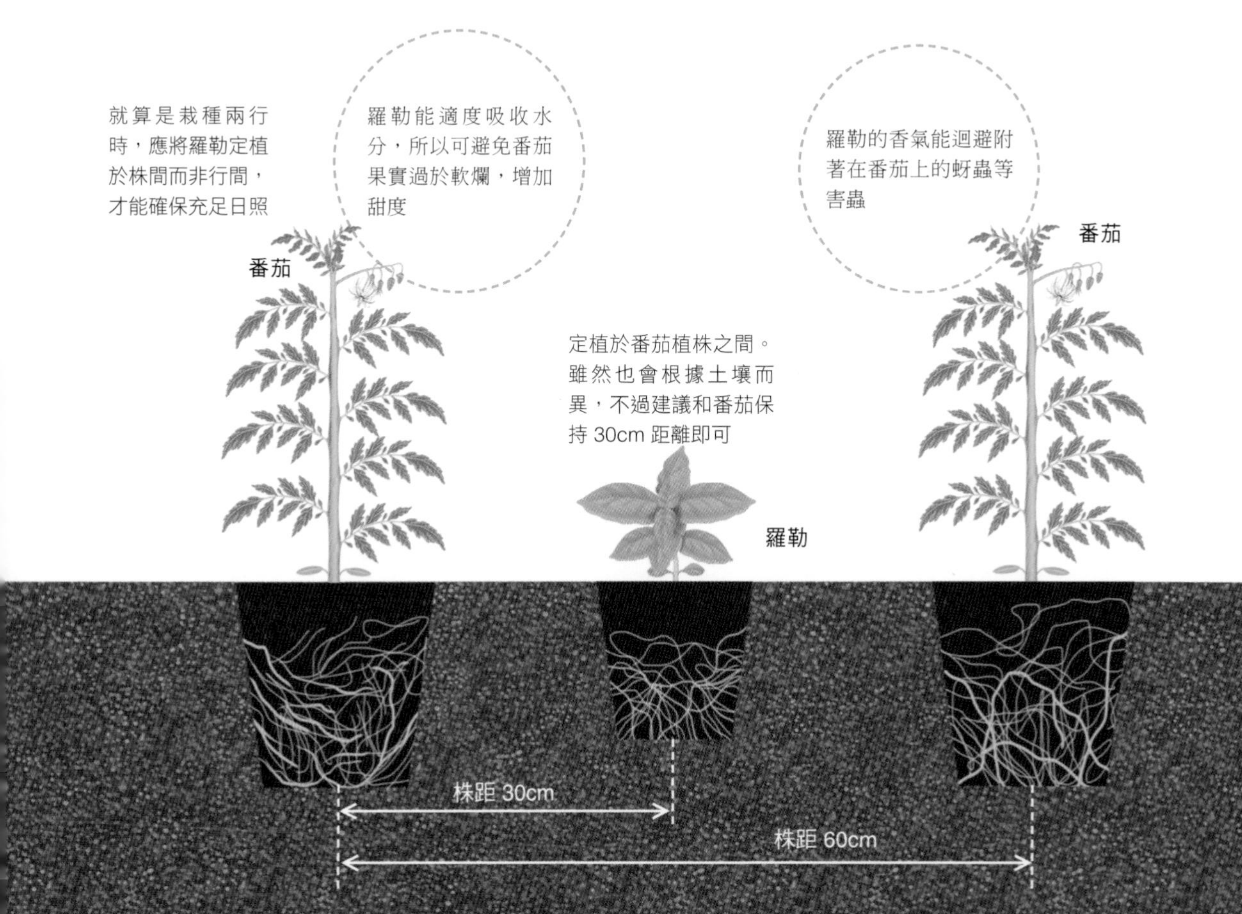
就算是栽種兩行時，應將羅勒定植於株間而非行間，才能確保充足日照
羅勒能適度吸收水分，所以可避免番茄果實過於軟爛，增加甜度
羅勒的香氣能迴避附著在番茄上的蚜蟲等害蟲
番茄
番茄
定植於番茄植株之間。雖然也會根據土壤而異，不過建議和番茄保持 30cm 距離即可
羅勒
株距 30cm
株距 60cm

番茄 X 韭菜

預防疾病

迴避害蟲

藉由附著在韭菜根部的微生物作用減少土壤中的病原菌

韭菜或青蔥等蔥屬植物，會和能在根部表面分泌抗生物質的拮抗菌共生。利用此特性，可減少番茄的代表性土壤病害「萎凋病」的病原菌，防止疾病發生。

比起根系較淺的青蔥，番茄比較適合和根系深度差不多的韭菜一起栽培。每 1 棵番茄可於左右分別栽種 3 束韭菜。訣竅在於將韭菜的根系包圍番茄的根系，使兩種植物的根系彼此接觸生長。

地上部則是藉由韭菜的香氣，達到防除害蟲的作用。也可以和落花生或是羅勒等植物混植。

應用：和韭菜的混植方法，也可應用於茄子或青椒等茄科蔬菜（參考 p.21、23）。

栽培程序

【挑選品種】番茄只要是常見的品種皆可。韭菜可於 3 月上旬播種。以黑軟盆播種育苗。有時候到了番茄定植時期，韭菜的幼苗仍過於幼小，因此可於前一年的 9 月中旬～10 月中旬播種，或是直接購買苗株定植。

【整土】如果是栽種其他蔬菜時生長良好的土壤，就不需要基肥。如果土壤貧脊，應於定植前 3 週混入成熟堆肥及伯卡西肥，充分耕耘並且立畦。

【定植】於 4 月下旬～5 月下旬和番茄一起定植韭菜。

【番茄摘芽】建議摘除側芽，以單幹整枝的方式栽培。

【追肥】不需施用追肥。

【採收】番茄成熟後即可依序採收。可採收至下霜的時期為止。

重點

韭菜的葉片會逐漸增加並持續分糵。當葉片伸長後，可剪下採收並保留 2～3cm 的高度。定期採收就能栽培出葉片柔軟、香氣強烈的韭菜。番茄收成結束後，可將韭菜整棵挖出移植，繼續栽培至隔年。

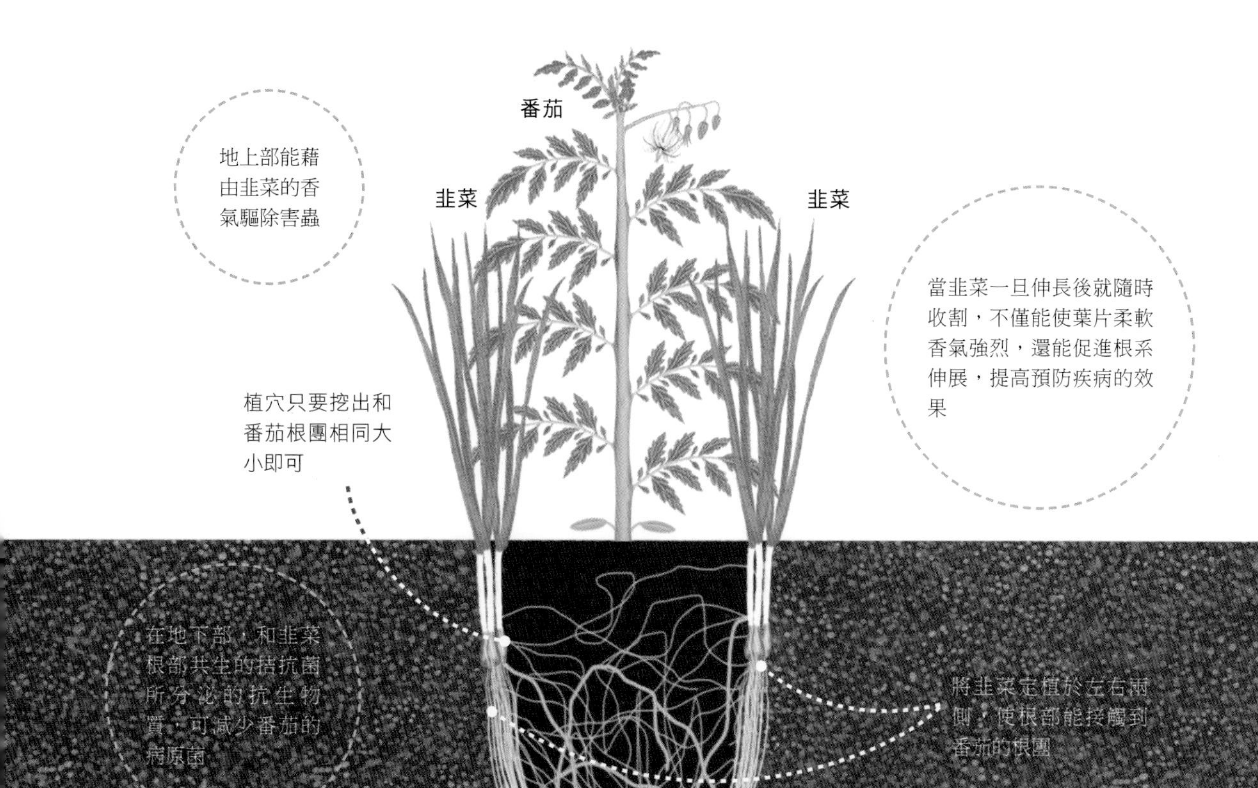
番茄
韭菜
韭菜
地上部能藉由韭菜的香氣驅除害蟲
當韭菜一旦伸長後就隨時收割，不僅能使葉片柔軟香氣強烈，還能促進根系伸展，提高預防疾病的效果
植穴只要挖出和番茄根團相同大小即可
在地下部，和韭菜根部共生的拮抗菌所分泌的抗生物質，可減少番茄的病原菌
將韭菜定植於左右兩側，使根部能接觸到番茄的根團

茄子×生薑

促進生長

迴避害蟲

活用空間

有效利用茄子的遮陰。促進採收量

茄子從定植的 5 月到結束栽培的 11 月為止，佔用畦田的期間非常長。隨著植株高度增加，也會衍生出茄子植株基部的空間，因此便可利用此空間栽種其他蔬菜。

生薑的栽培期間和茄子幾乎相同。而且稍微有遮陰的環境也能生長良好。所以在茄子基部葉片遮擋陽光的位置栽種生薑。茄子的根系較深，能將水分往上吸，所以喜愛水分的生薑也變得能夠容易吸收水分。生薑和茄子喜愛的養分種類不同，因此不會引起競爭，可同時增加採收量。

利用茄子遮陰處生長良好的生薑

栽培程序

【挑選品種】茄子、生薑都不需要特別挑選品種。茄子選擇嫁接苗可栽培出更強健的植株。

【整土】於定植前 3 週混入成熟堆肥及伯卡西肥，充分耕耘並且立畦。

【定植】於 4 月下旬～5 月下旬同時定植茄子和生薑。將種薑分成每片 50g 左右的大小，並將 3 塊薑栽種於茄子的葉片下方。

【追肥】為促進茄子生長，每半個月應於畦的表面整體施放 1 個拳頭量的伯卡西肥。

【鋪稻草】茄子和生薑都不耐乾燥。可鋪上乾稻草以代替覆蓋物。

【採收】茄子果實成熟後即可依序採收。生薑可在下霜前的 11 月挖出，同時和茄子一起拔除整理田間。

重點

生薑不耐夏季的強烈陽光，因此栽培於茄子葉片下方的遮陰處。若夏天會將茄子強剪斷根時，也可以直接採收嫩葉生薑。

栽種於茄子的植株基部以達到遮陰效果

若會在夏季採收嫩葉生薑的話，也可以稍微遠離茄子植株基部栽種

茄子

生薑

株距 10cm

株距 60cm

畦寬 40cm

高 20cm

稍微增加畦高，才能讓茄子根系往下深展，促進生長

能帶來這些效果

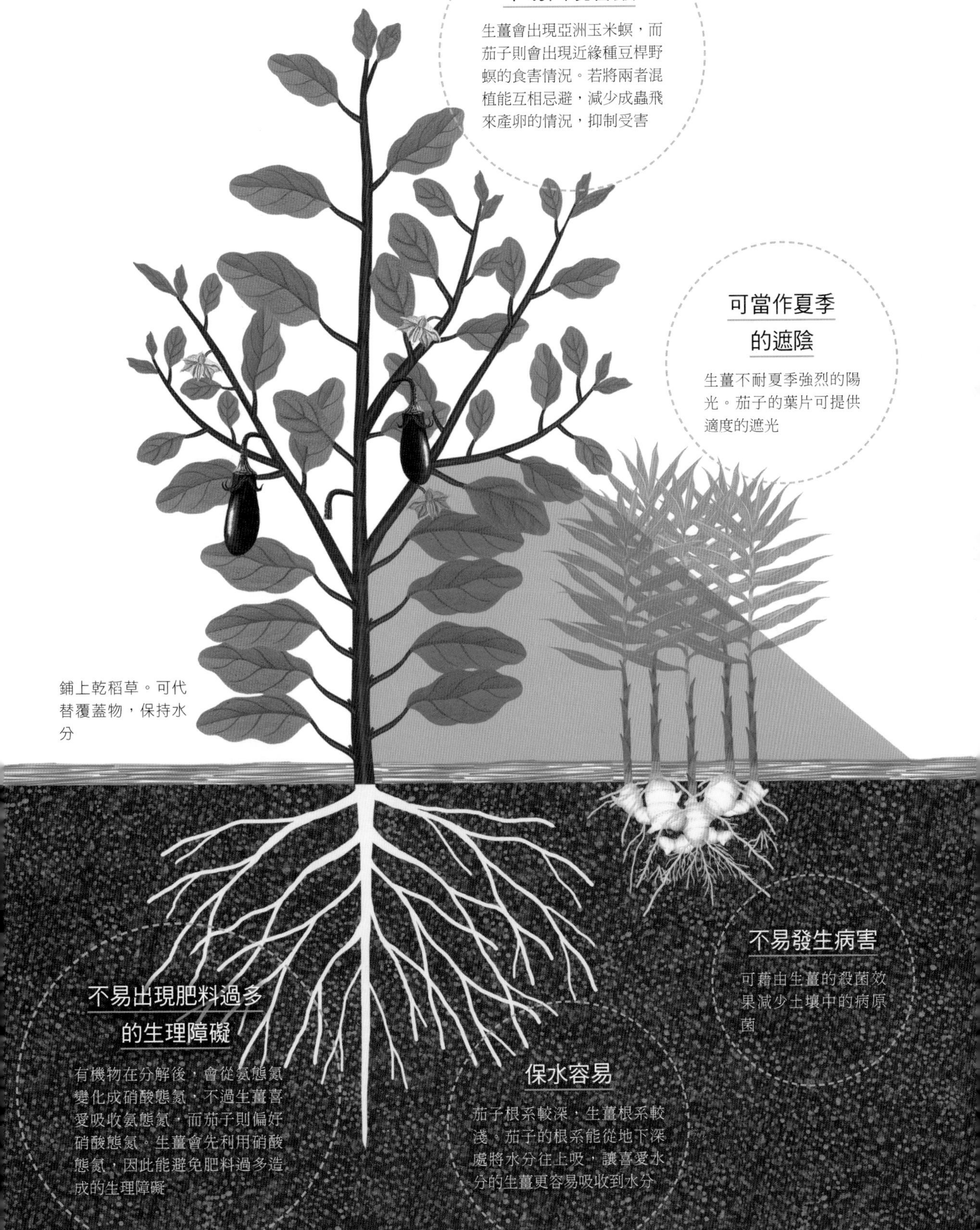

不易出現害蟲

生薑會出現亞洲玉米螟，而茄子則會出現近緣種豆桿野螟的食害情況。若將兩者混植能互相忌避，減少成蟲飛來產卵的情況，抑制受害

可當作夏季的遮陰

生薑不耐夏季強烈的陽光。茄子的葉片可提供適度的遮光

鋪上乾稻草。可代替覆蓋物，保持水分

不易發生病害

可藉由生薑的殺菌效果減少土壤中的病原菌

不易出現肥料過多的生理障礙

有機物在分解後，會從氨態氮變化成硝酸態氮，不過生薑喜愛吸收氨態氮，而茄子則偏好硝酸態氮。生薑會先利用硝酸態氮，因此能避免肥料過多造成的生理障礙

保水容易

茄子根系較深，生薑根系較淺。茄子的根系能從地下深處將水分往上吸，讓喜愛水分的生薑更容易吸收到水分

茄子 X 無蔓四季豆

促進生長

活用空間

迴避害蟲

和豆科植物混植可促進土壤肥沃，避免植株基部乾燥

豆科的無蔓性四季豆根部和根瘤菌共生，可固定空氣中的氮。雖然這部份的氮素主要是供給四季豆生長，但是部分老化的根瘤會從根部剝離，或是從根部排放排泄物，使周圍的土壤變得肥沃。因此和無蔓性四季豆混植，可促進茄子的生長。

另外，無蔓性四季豆的植株高度較低，生長茂密後可為茄子基部遮光，達到保濕效果。兩種植物的科別不同，容易附著在茄子的蚜蟲或葉蟎能為無蔓性四季豆帶來忌避作用，而附著在無蔓性四季豆的蚜蟲或葉蟎也能為茄子帶來忌避作用，互相減少蟲害。

應用：也可以栽種落花生代替無蔓性四季豆（參閱p.12）。此外，將四季豆和青椒等混植也能得到同樣的效果。

栽培程序

【挑選品種】四季豆應挑選無蔓性品種。茄子選擇嫁接苗可栽培出更強健的植株。

【整土】於定植前 3 週混入成熟堆肥及伯卡西肥，充分耕耘並且立畦。

【定植】於 4 月下旬～5 月下旬定植茄子。過一段時間後再將無蔓性四季豆直接播種即可。

【間拔】當四季豆長出 1.5 片本葉時，可間拔至 1～2 株。

【追肥】為促進茄子生長，每半個月應於畦的表面整體施放 1 個拳頭量的伯卡西肥。若施放過量會使四季豆的葉片過於茂密，而難以開花。

【採收】茄子果實成熟後即可依序採收。無蔓性四季豆在播種後 60 天左右即可開始採收。到採收結束為止約為 10 天。採收完不需將植株連根拔起，從植株基部剪下即可。

【鋪稻草】將無蔓性四季豆的植株剪下丟棄後，立刻鋪上乾稻草以代替覆蓋物。

重點

無蔓性四季豆應趁豆莢還鮮嫩時採收。若太慢採收不只會讓豆莢變硬、風味變差，促進茄子生長的效果也會變差。在處理植株時，也可將從基部剪下的莖葉代替稻草鋪在茄子周圍。採收後也可以再次播種，就能秋天採收。

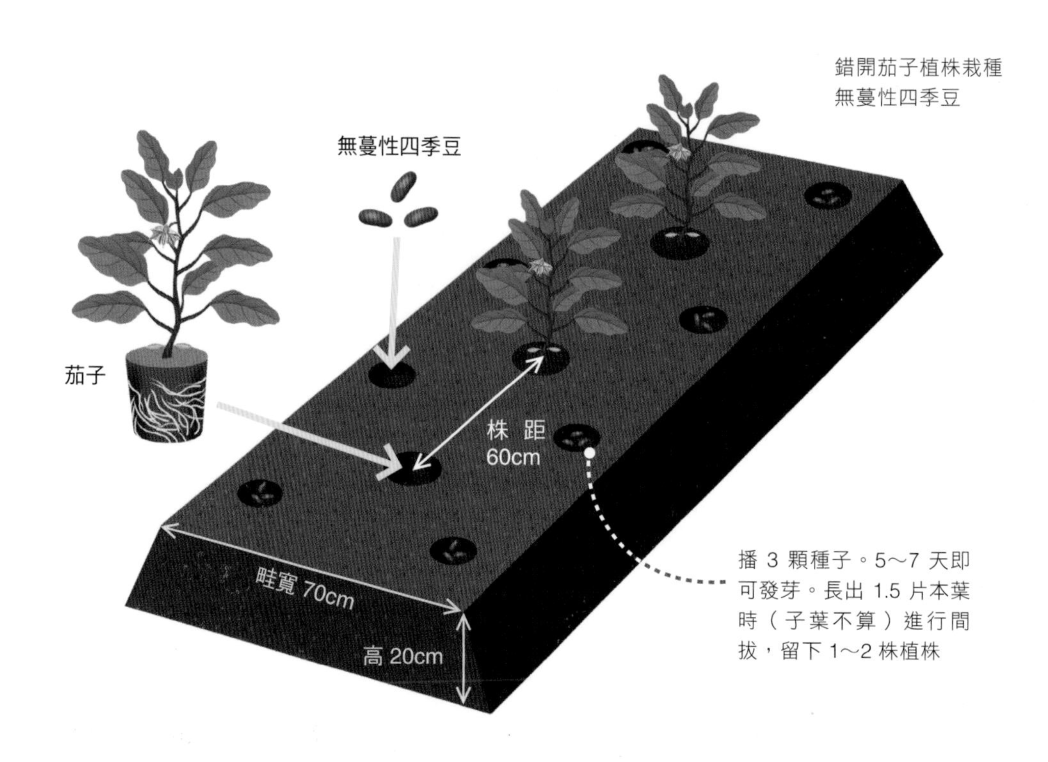

錯開茄子植株栽種
無蔓性四季豆
無蔓性四季豆
茄子
株 距
60cm
畦寬 70cm
高 20cm
播 3 顆種子。5～7 天即可發芽。長出 1.5 片本葉時（子葉不算）進行間拔，留下 1～2 株植株

茄子 X 白蘿蔔

活用空間

促進生長

在植株基部的多餘空間 栽種秋天採收的白蘿蔔

茄子到了炎夏來臨時植株高度會隨之增加，根系也會往土壤深處伸展，呈現於可耐某種程度乾燥的狀態。在植株基部多餘的空間栽種白蘿蔔。

於 8 月上旬強剪枝條（修剪）並且切根後，便可立刻播下白蘿蔔的種子。茄子的葉片可遮擋夏季強烈的直射陽光，因此白蘿蔔很快就能發芽，生長良好。在這個時期播種的話，只要約 60～80 天就能採收，剛好趕上秋季秋刀魚的美味時期（9～10 月）。

應用：也可以儘早定植高麗菜、山東白菜（半結球白菜）、大白菜等蔬菜的苗代替白蘿蔔。或是利用茄子的遮陰，栽培夏季容易生長不良的萵苣。

栽培程序

【挑選品種】茄子、白蘿蔔都不需要特別挑選品種，不過白蘿蔔也有適合夏季栽培的品種。

【整土】於定植前 3 週混入成熟堆肥及伯卡西肥，充分耕耘並且立畦。

【定植】於 4 月下旬～5 月下旬定植茄子。於夏季強剪後即可立刻播白蘿蔔的種子。

【間拔】白蘿蔔苗分數次間拔，長出 6～7 片本葉時間拔至 1 株。

【追肥】為促進茄子生長，每半個月應於畦的表面整體施放 1 個拳頭量的伯卡西肥。

【採收】茄子果實成熟後即可依序採收。白蘿蔔可根據品種適合的栽培天數採收。另外，由於是在秋天氣候較暖和的時期採收，若太晚採收容易造成龜裂現象。

重點

要特別注意白蘿蔔播種的時機點。11 月之後，若畦田預計要栽培其他蔬菜時，應在 8 月中旬前播種白蘿蔔。過了舊曆的盂蘭盆節（8 月 13～15 日左右）容易下雨，雖然發芽較快，但是採收的時期會延後。如果是栽培冬天採收的白蘿蔔，可在 9 月下旬之前播種。

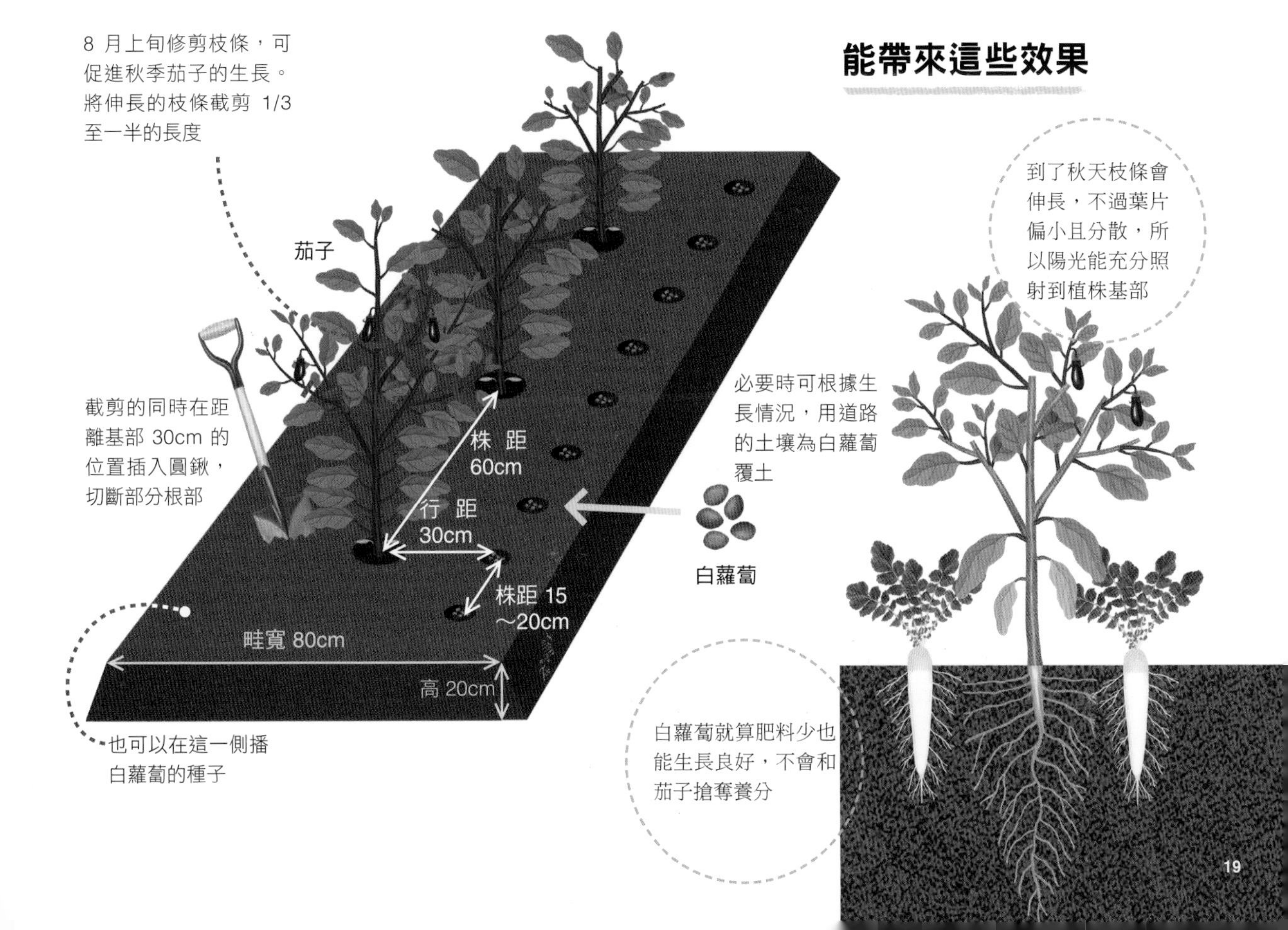
8 月上旬修剪枝條，可促進秋季茄子的生長。將伸長的枝條截剪 1/3 至一半的長度
茄子
截剪的同時在距離基部 30cm 的位置插入圓鍬，切斷部分根部
株 距 60cm
行 距 30cm
株距 15～20cm
畦寬 80cm
高 20cm
也可以在這一側播白蘿蔔的種子
必要時可根據生長情況，用道路的土壤為白蘿蔔覆土
白蘿蔔
能帶來這些效果
到了秋天枝條會伸長，不過葉片偏小且分散，所以陽光能充分照射到植株基部
白蘿蔔就算肥料少也能生長良好，不會和茄子搶奪養分

茄子 X 洋香菜

迴避害蟲

活用空間

促進生長

在茄子的遮陰下也能活力生長
代替覆蓋物的作用

在茄子的植株之間和洋香菜混植，能讓茄子和洋香菜都生長良好。洋香菜若和同樣是茄科的番茄混植，很容易像是溶解般枯萎，不過卻非常適合和茄子一起栽種。

茄子和洋香菜皆為深根類型，不知道為何並不會互相競爭。

洋香菜不耐夏季的強烈日照，所以能在茄子的遮陰下健康生長。植株高度低，葉片呈現放射狀擴展覆蓋於畦上，代替覆蓋物為茄子根部帶來保濕作用。另外，洋香菜屬於繖形花科，具有獨特的香氣，能驅除附著在茄子上的害蟲。喜愛洋香菜的金鳳蝶及蚜蟲的危害情況也能同時減少。

應用：也可以用義大利洋香菜代替洋香菜栽種。此外，將洋香菜和青椒混植也有同樣的效果。

栽培程序

【挑選品種】茄子、洋香菜都不需要特別挑選品種。茄子選擇嫁接苗可栽培出強健的苗株。洋香菜可購買幼苗，或是於3月中旬播種育苗。

【整土】於定植前 3 週混入成熟堆肥及伯卡西肥，充分耕耘並且立畦。

【定植】於 4 月下旬～5 月下旬同時定植茄子和洋香菜。

【追肥】為促進茄子生長，每半個月應於畦的表面整體施放 1 個拳頭量的伯卡西肥。必要時可於畦的其他位置覆蓋乾稻草。

【採收】茄子果實成熟後即可依序採收。洋香菜可從偏大的外側葉片開始依序採收。當茄子採收完成後從基部切除，晚秋過後讓洋香菜充分照射陽光。可栽培至春天抽花苔為止。

重點

洋香菜可隨時從外側葉片摘下採收。若採收過於頻繁會導致生長不良，因此葉片盡量保持在 10 片以上。同時也能提高茄子害蟲的迴避效果。

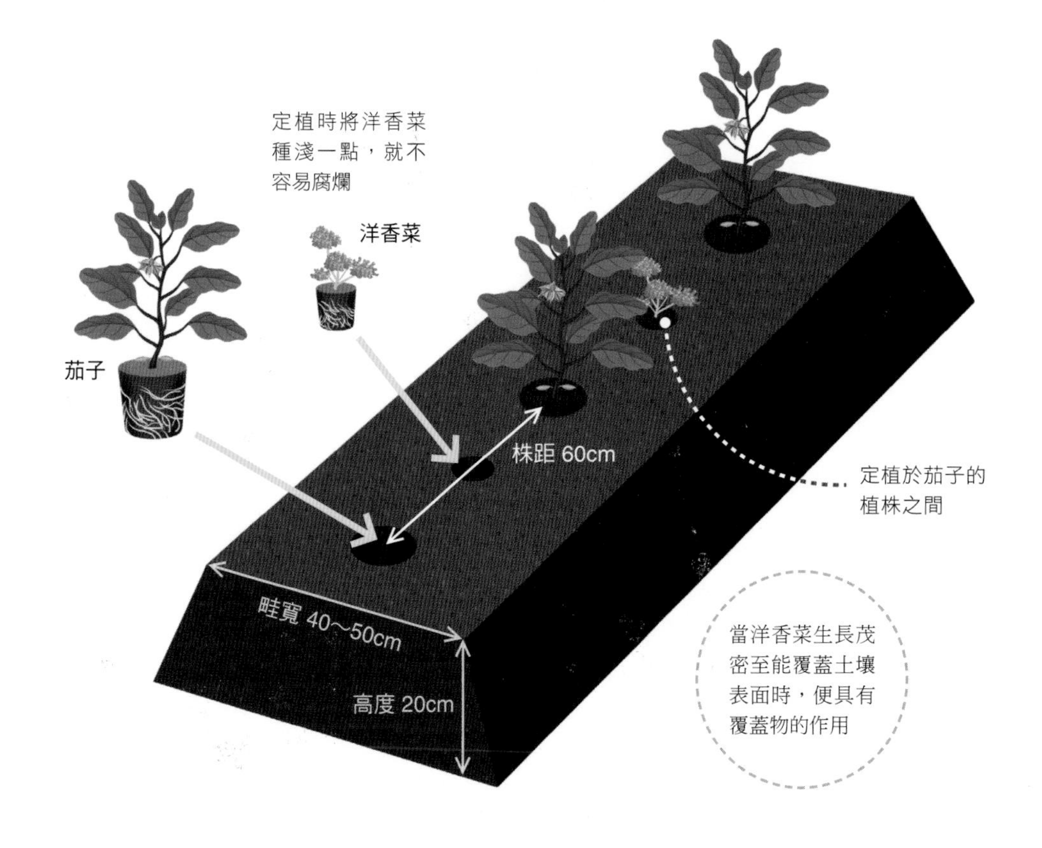
定植時將洋香菜
種淺一點，就不
容易腐爛
洋香菜
茄子
株距 60cm
定植於茄子的
植株之間
畦寬 40～50cm
高度 20cm
當洋香菜生長茂
密至能覆蓋土壤
表面時，便具有
覆蓋物的作用

茄子 X 韭菜

預防疾病

迴避害蟲

藉由拮抗菌所分泌的抗生物質
預防茄子的土壤病害

韭菜等蔥屬植物根部和一種叫做伯克氏菌（Burkholderia gladioli）的細菌（拮抗菌）共生，並分泌一種抗生物質，減少土壤中的病原菌。尤其對於茄子的土壤病害中常見的半枯病等病害的防治對策特別有效。

和番茄和韭菜混植（參閱 p.15）時一樣，茄子的根系會伸長至土壤深處，因此利用同樣是深根類型的韭菜，將韭菜栽種於茄子基部附近使兩者根部接觸，以提高病原菌的抑制效果。韭菜為單子葉植物，茄子則是雙子葉植物，兩者在分類學上關係較遠，所偏好利用的養分種類也不同，所以就近混植也不會彼此競爭導致生長不良。

應用：韭菜的混植同時也可以廣泛應用於番茄及青椒等茄科作物上（參閱 p.15、23）。

栽培程序

【挑選品種】雖然茄子不需要特別挑選品種，不過比起嫁接苗，將不耐疾病的自根苗和韭菜混植較有效果。韭菜可購買幼苗，或是使用前一年 9 月中旬～10 月中旬播種生長的幼苗。

【整土】於定植前 3 週混入成熟堆肥及伯卡西肥，充分耕耘並且立畦。

【定植】於 4 月下旬～5 月下旬將韭菜放置於能接觸到茄子根團的位置，並且同時定植茄子和韭菜。

【使用覆蓋物】茄子不喜愛乾燥，所以可鋪上覆蓋物以達到保濕作用。在生長初期若地面溫度上升，也能同時促進生長。可利用乾稻草代替覆蓋物帶來保濕效果。

【追肥】為促進茄子生長，每半個月應於畦的表面整體施放 1 個拳頭量的伯卡西肥。

【採收】茄子果實成熟後即可依序採收。韭菜伸長後可剪至距離基部 5cm 的位置採收。若放任不管到了秋天會開花，當花莖伸長後應儘早剪下。若隨時採收的話，一整年都能品嚐到柔軟的韭菜葉。

重點

韭菜的葉片會持續分櫱增加。當茄子栽培結束處理完後，若田間要栽培其他蔬菜時，可將韭菜整棵挖出移植，繼續栽培至隔年。

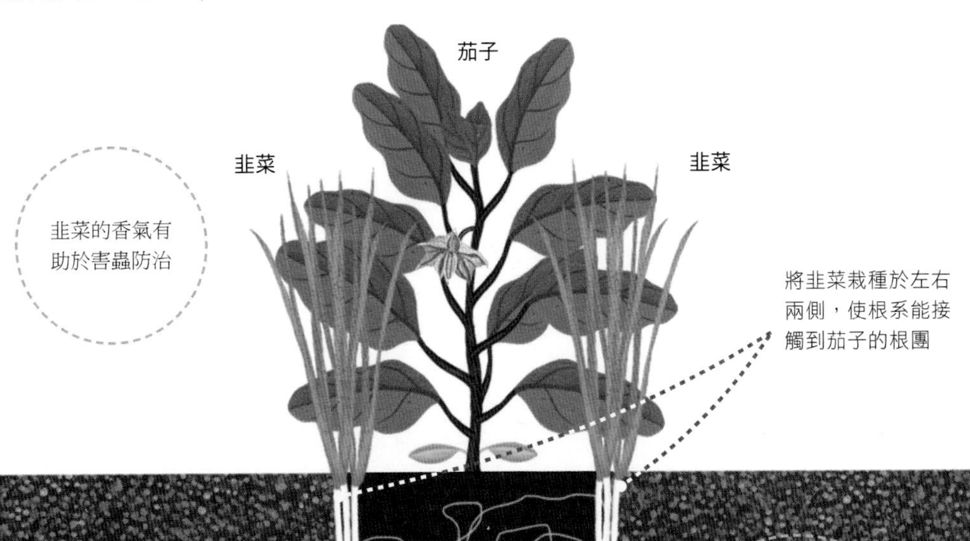
茄子
韭菜
韭菜
韭菜的香氣有助於害蟲防治
將韭菜栽種於左右兩側，使根系能接觸到茄子的根團
挖出和茄子根團差不多大小的植穴
在地下部和韭菜共生的拮抗菌所分泌的抗生物質，能減少茄子的病原菌

青椒 X 金蓮花

迴避害蟲

可作為天敵溫存植物 吸引並且增加天敵

金蓮花又稱為旱金蓮，為一年生草花，主要栽培於花壇或是盆栽中。若栽培於肥沃的場所，不需要特別照顧也能生長良好，花期非常長，除了炎夏時期以外的 5～10 月都會持續開花。花及葉片帶有微微的辣味及酸味，也會當作香草或可食用花卉利用。

在這裡則是將金蓮花當作青椒的天敵溫存植物（banker plants）來利用。於青椒畦的兩側混植，或是於道路側或畦的周圍集中栽培。除了香氣能驅除蚜蟲之外，為了捕食附著在莖葉的葉蟎、薊馬等害蟲的天敵便會增加。結果就能讓青椒的害蟲減少。

應用：除了青椒近緣的獅子頭辣椒、辣椒之外，和茄子混植的效果也很好。

栽培程序

【挑選品種】茄子和金蓮花都不需要特別挑選品種。金蓮花可於園藝店購買苗株，或是在 3 月中旬～4 月下旬播種育苗。

【整土】於定植前 3 週混入成熟堆肥及伯卡西肥，充分耕耘並且立畦。

【定植】於 4 月下旬～5 月下旬配合青椒定植時期，連同金蓮花一起定植。可栽種於畦的兩側或是周圍。

【追肥】青椒每半個月應於畦的表面整體施放 1 個拳頭量的伯卡西肥。若土壤肥沃的話，金蓮花不需要特別施肥。

【鋪乾稻草】青椒根系較淺，容易因為乾燥或高溫而受傷，所以應鋪上乾稻草，達到保濕及夏季溫度上升的作用。

【採收】青椒果實成熟後即可依序採收。金蓮花的花朵和葉片可根據需要少量採收，放入沙拉配菜中享用。種子也能加工成醋漬食品。

重點

不斷摘除金蓮花的頂端，能維持較低的植株高度，代替覆蓋物的作用。雖然不耐炎夏，不過在 7 月下旬若大幅修剪就能避免過於悶熱。在青椒的遮陰下栽培就能輕鬆度過炎夏。

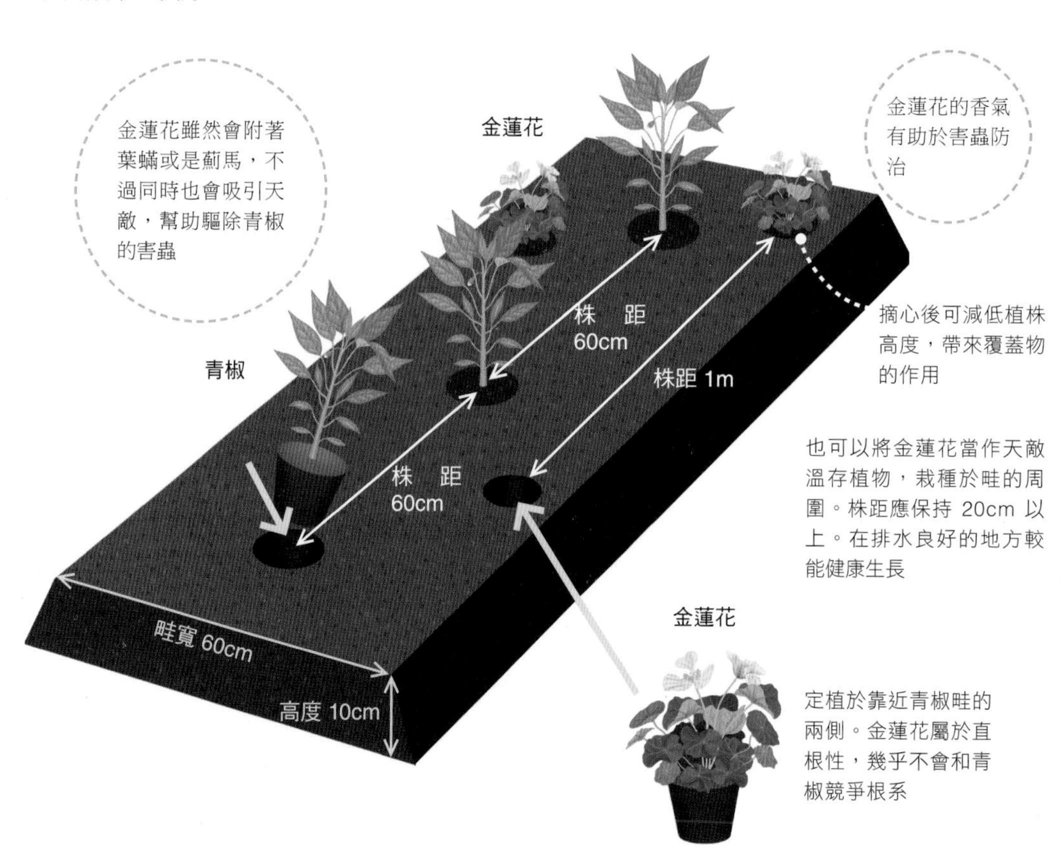
金蓮花雖然會附著葉蟎或是薊馬，不過同時也會吸引天敵，幫助驅除青椒的害蟲
金蓮花
金蓮花的香氣有助於害蟲防治
青椒
株　距 60cm
株距 1m
摘心後可減低植株高度，帶來覆蓋物的作用
株　距 60cm
也可以將金蓮花當作天敵溫存植物，栽種於畦的周圍。株距應保持 20cm 以上。在排水良好的地方較能健康生長
金蓮花
畦寬 60cm
高度 10cm
定植於靠近青椒畦的兩側。金蓮花屬於直根性，幾乎不會和青椒競爭根系

青椒╳韭菜

預防疾病
迴避害蟲

藉由附著在韭菜根部的微生物作用防止青椒的土壤病害

青椒的代表病害之一就是疫病。當莖部或是葉片出現暗褐色的病斑時，就很有可能是這個疾病。嚴重時莖或葉片會凋萎甚至枯死。原因為土壤中的病原菌，經常會因為茄科作物連作而發生。

和番茄與茄子一樣，若將青椒和韭菜混植，共生於根部叫做伯克氏菌的細菌（拮抗菌）會分泌一種抗生物質，並藉此減少土壤中的病原菌。

青椒的根系較番茄與茄子淺而廣，所以非常適合利用根系較深的韭菜。定植的訣竅在於要使青椒和韭菜的根系互相接觸。

應用：和韭菜的混植方法，除了和青椒相近的獅子頭辣椒、辣椒之外，也能廣泛應用於番茄或茄子等茄科作物（參閱 p15、21）。

栽培程序

【挑選品種】雖然市面上比較多青椒的嫁接苗，不過將不耐疾病的自根苗和韭菜混植較有效果。韭菜可購買幼苗，或是使用前一年 9 月中旬～10 月中旬播種生長的幼苗。

【整土】於定植前 3 週混入成熟堆肥及伯卡西肥，充分耕耘並且立畦。

【定植】於 4 月下旬～5 月下旬將韭菜放置於能接觸到青椒根團的位置，並且同時定植青椒和韭菜。

【追肥】為促進青椒生長，每半個月應於畦的表面整體施放 1 個拳頭量的伯卡西肥。韭菜不需要特別施肥。

【鋪乾稻草】青椒的根系較淺，容易因為乾燥或高溫而受傷，所以可鋪上乾稻草，達到保濕及夏季溫度上升的作用。

【採收】青椒果實成熟後即可依序採收。韭菜伸長後可剪至距離基部 5cm 的位置採收。若放任不管到了秋天會開花，當花莖伸長後應儘早剪下。若隨時採收的話，一整年都能品嚐到柔軟的韭菜葉。

重點

韭菜的葉片會持續分蘗增加。當青椒栽培結束處理完後，若田間要栽培其他蔬菜時，可將韭菜整棵挖出移植，繼續栽培至隔年。

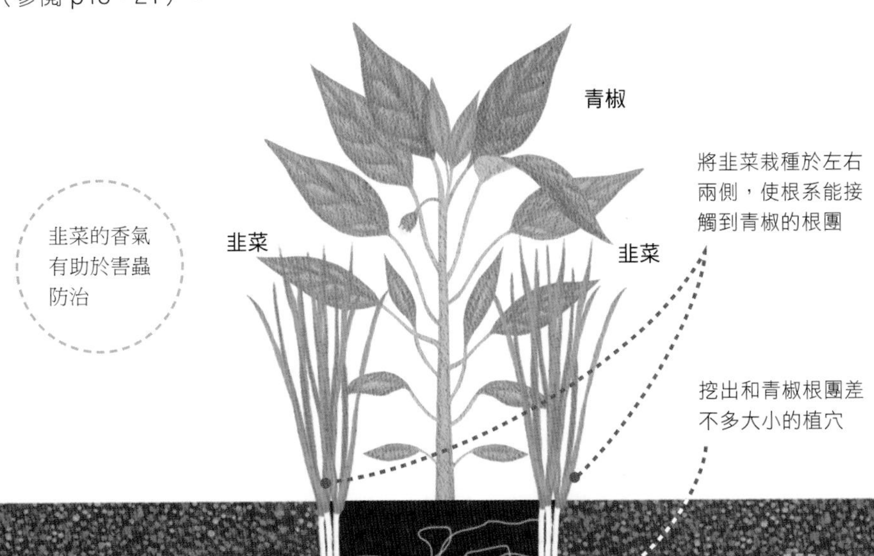
青椒
韭菜
韭菜
韭菜的香氣有助於害蟲防治
將韭菜栽種於左右兩側，使根系能接觸到青椒的根團
挖出和青椒根團差不多大小的植穴
青椒的根系較淺而廣，將韭菜定植於基部會帶來很好的效果
在地下部和韭菜共生的拮抗菌所分泌的抗生物質，能減少青椒的病原菌

小黃瓜 X 山藥

活用空間
促進生長

互相利用彼此不喜歡的肥料讓兩者皆能生長良好

將山藥定植於小黃瓜的田間，能讓山藥的藤蔓纏繞小黃瓜的支柱或網子，並且茁壯生長。

當新鮮的有機物分解後，首先會以銨態氮的形式存在。接著銨態氮會藉由土壤中的微生物作用，逐漸變化成硝酸態氮。山藥喜愛的養分為銨態氮。若吸收太多硝酸態氮會讓山藥所含有的維他命 C 減少。另一方面，小黃瓜則不喜好新鮮的有機物或是銨態氮，偏好吸收硝酸態氮。像這樣山藥和小黃瓜能互相吸收彼此不喜好的養分，使兩者皆能生長良好。

栽培程序

【挑選品種】雖然小黃瓜不用特別挑選品種，不過選擇嫁接苗較能培育出強健的植株。山藥建議選擇長形品種。

【整土】於定植前 3 週混入成熟堆肥及伯卡西肥，充分耕耘並且立畦。

【定植】於 4 月下旬～5 月下旬同時定植小黃瓜和山藥。

【鋪乾稻草】小黃瓜和山藥都不耐乾燥及高溫。定植後應於畦上鋪乾稻草。

【追肥】為促進小黃瓜生長，每三週可施放 1 個拳頭量的伯卡西肥，並稍微攪拌土壤。小黃瓜的根系很接近地面，因此可根據生長階段，以植株基部→畦的長邊兩側→通道的順序改變施肥場所，避免傷害根系。山藥少量養分也能生長，所以不需要特別施肥。

【採收】小黃瓜成熟後即可依序採收。小黃瓜的葉片枯萎時，可將植株從基部切除處理乾淨。山藥則栽培至採收期的 11 月。

重點

將山藥的藤蔓誘引至支架或網子上。將藤蔓往上誘引能促進山藥肥大。若藤蔓橫向匍匐生長則是會長出多量的山藥而無法肥大。

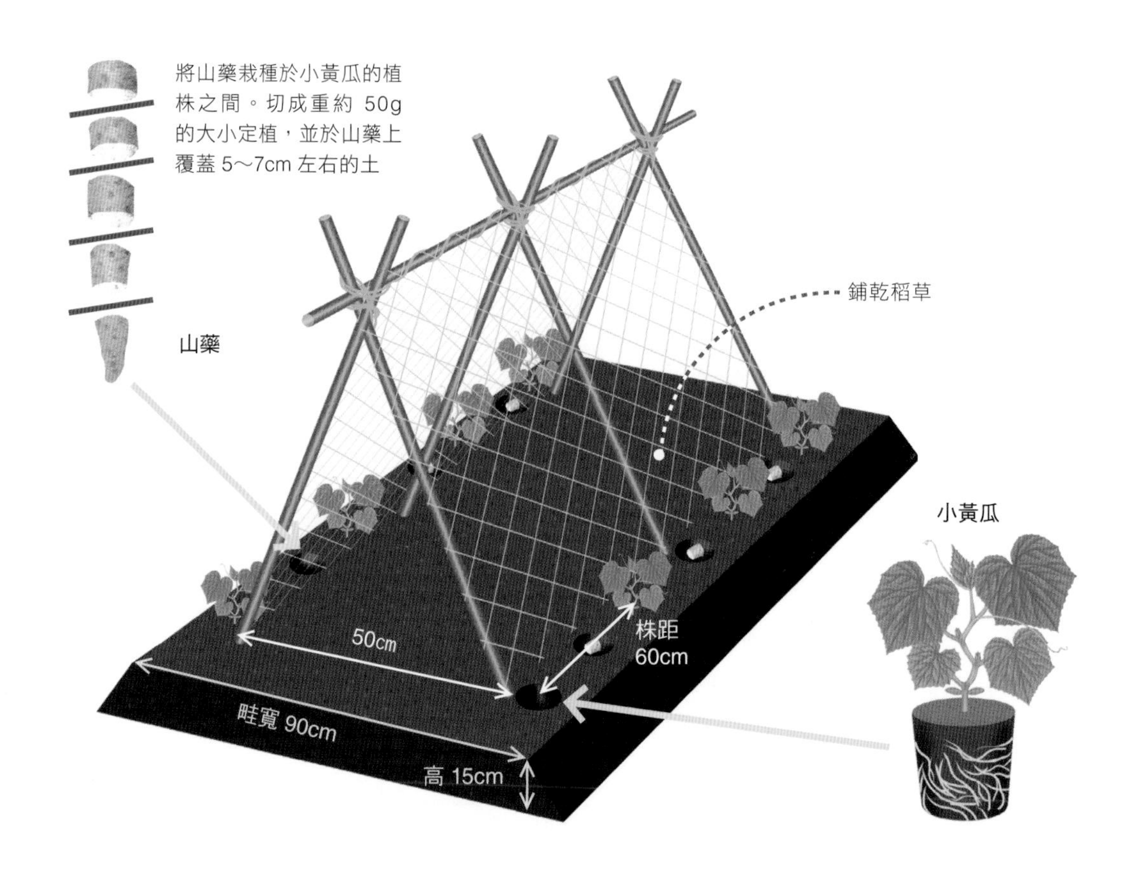
將山藥栽種於小黃瓜的植株之間。切成重約 50g 的大小定植，並於山藥上覆蓋 5～7cm 左右的土
山藥
鋪乾稻草
小黃瓜
50cm
株距 60cm
畦寬 90cm
高 15cm

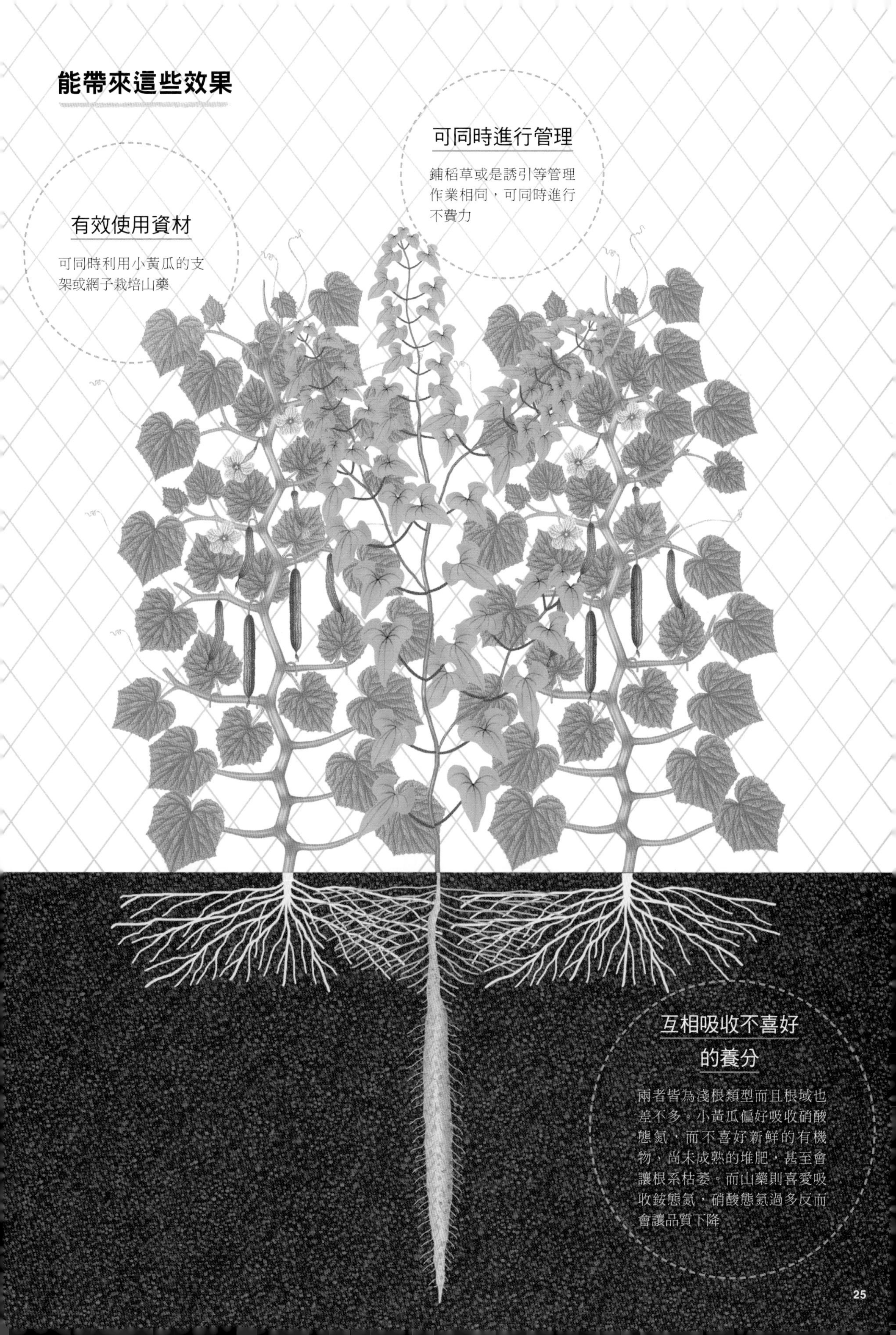

能帶來這些效果
可同時進行管理
鋪稻草或是誘引等管理作業相同，可同時進行不費力
有效使用資材
可同時利用小黃瓜的支架或網子栽培山藥
互相吸收不喜好的養分
兩者皆為淺根類型而且根域也差不多。小黃瓜偏好吸收硝酸態氮，而不喜好新鮮的有機物，尚未成熟的堆肥，甚至會讓根系枯萎。而山藥則喜愛吸收銨態氮，硝酸態氮過多反而會讓品質下降

小黃瓜 X 大蔥

預防疾病

以自古以來就為人所知的傳承農法來防止連作障礙

在栃木縣自古以來就知道在扁蒲（蒲腩的原料）的植株基部栽種大蔥，能有效避免蔓割病等疾病。以科學觀點加以分析後，得知與大蔥根部共生的一種細菌「伯克氏菌」會釋放抗生物質，減少土壤中的病原菌。另外，研究已經證明和蔥屬植物混植不只是扁蒲而已，和小黃瓜等葫蘆科，或是茄子等茄科蔬菜混植也有效果。

小黃瓜為淺根類型，所以不使用深根類型的韭菜，而是和根域範圍差不多的大蔥混植。

應用：和大蔥的混植也可以應用於南瓜或是哈密瓜等，其他同樣是淺根類型的葫蘆科作物（參閱p.30、34）。也用青蔥或細香蔥代替大蔥。

栽培程序

【挑選品種】小黃瓜、大蔥都不用特別挑選品種，不過比起嫁接苗，不耐疾病的自根苗其效果較顯著。大蔥可購買幼苗，或是於 3 月上旬～中旬播種育苗，也可以利用從去年開始栽培的苗株。

【整土】於定植前 3 週混入成熟堆肥及伯卡西肥，充分耕耘並且立畦。

【定植】於 4 月下旬～5 月下旬同時定植小黃瓜和大蔥。

【鋪乾稻草】小黃瓜根部不耐乾燥及高溫，因此在定植後應於畦上鋪乾稻草。

【追肥】為促進小黃瓜生長，每三週可施放 1 個拳頭量的伯卡西肥，並稍微攪拌土壤。小黃瓜的根系很接近地面，因此可根據生長階段，以植株基部→畦的長邊兩側→通道的順序改變施肥場所，避免傷害根系。大蔥不需要特別施肥。

【採收】小黃瓜成熟後即可依序採收。小黃瓜栽培結束時，可將大蔥移植覆土栽培，到晚秋過後採收。

重點

栽培重點在於生長初期避免感染疾病。定植時應將大蔥的根部接觸到小黃瓜的根團，可提高預防效果。

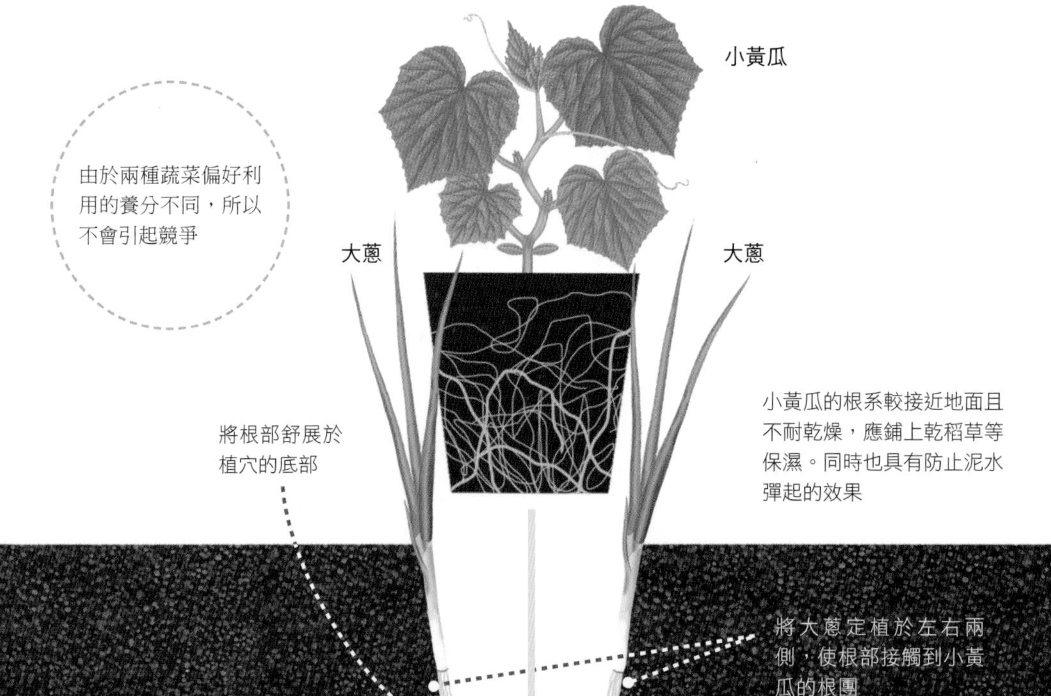
小黃瓜
由於兩種蔬菜偏好利用的養分不同，所以不會引起競爭
大蔥
大蔥
將根部舒展於植穴的底部
小黃瓜的根系較接近地面且不耐乾燥，應鋪上乾稻草等保濕。同時也具有防止泥水彈起的效果
將大蔥定植於左右兩側，使根部接觸到小黃瓜的根團

小黃瓜 X 麥

預防疾病

迴避害蟲

麥類能吸引天敵前來防止小黃瓜的病蟲害

白粉病為小黃瓜的常見病害之一。若要預防此疾病，可在通道或是畦上撒大麥種子，作為「植生覆蓋物（living mulch）」栽培。

雖然麥類也會發生白粉病，不過和小黃瓜白粉病的病原菌是不同種類，所以不會互相感染。將麥當作誘導植物，引誘會寄生在白粉病菌上、使白粉菌壞死的「菌寄生菌」前來並增殖，可大幅減少小黃瓜白粉病的危害情況。

另外，麥類雖然也會附著蚜蟲等害蟲，但是這和附著在小黃瓜上的蚜蟲也是不同種類。麥可成為蚜蟲的天敵──瓢蟲或是脈蚜繭蜂的棲息場所，幫忙驅除在小黃瓜上的蚜蟲等害蟲。

應用：也可應用於櫛瓜、南瓜、西瓜等作物。在茄子或青椒等作物的通道上撒大麥種子可達到很好的防治害蟲效果。

栽培程序

【挑選品種】雖然小黃瓜不用特別挑選品種，不過選擇嫁接苗較能培育出強健的植株。麥類也可以挑選燕麥等使用，不過建議還是選擇此時期播種也不會結穗的大麥。市面上也有販售植生覆蓋物專用的品種。

【整土】於定植前 3 週混入成熟堆肥及伯卡西肥，充分耕耘並且立畦。

【定植】於 5 月中旬定植小黃瓜後，將麥的種子撒在畦上及通道上。為避免遭到鳥類食害，可用耙子等稍微耕耘將種子埋起。

【追肥】為促進小黃瓜生長，每三週可施放 1 個拳頭量的伯卡西肥，並稍微攪拌土壤。小黃瓜的根系很接近地面，因此可根據生長階段，以植株基部→畦的長邊兩側→通道的順序改變施肥場所，避免傷害根系。

【採收】小黃瓜成熟後即可依序採收。麥類到了夏天會因為炎熱而枯萎。

重點

麥類雖然到了夏天會因為炎熱而枯萎，不過這時候不需要特別處理，使枯葉覆蓋地面當作覆蓋物活用。接續下一作時，可將葉片或根部掩埋至土壤內當作綠肥。

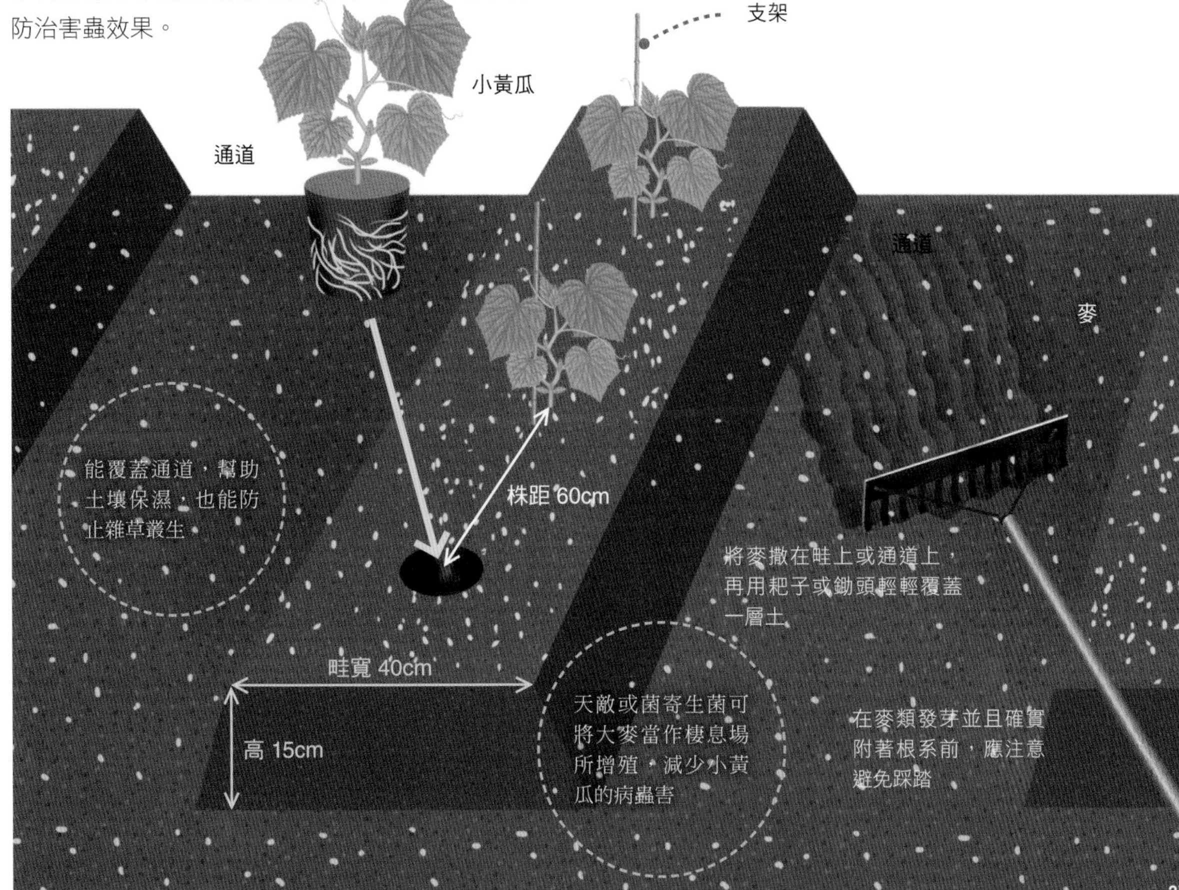

支架
小黃瓜
通道
通道
麥
能覆蓋通道，幫助土壤保濕，也能防止雜草叢生
株距 60cm
將麥撒在畦上或通道上，再用耙子或鋤頭輕輕覆蓋一層土
畦寬 40cm
高 15cm
天敵或菌寄生菌可將大麥當作棲息場所增殖，減少小黃瓜的病蟲害
在麥類發芽並且確實附著根系前，應注意避免踩踏

南瓜 X 玉米

活用空間
促進生長

將橫向擴展蔬菜搭配縱向延伸蔬菜 有效活用空間

南瓜的藤蔓是往橫向延伸，需要寬敞的栽培面積。而玉米屬於風媒花，因此一般而言會增加植株數量以便於授粉。將橫向擴展的南瓜搭配縱向延伸的玉米栽種，就能在同一個畦內栽培，有效活用空間。

玉米耐炎熱及乾燥，而且具有喜好陽光的特性。而南瓜多少有些遮陰也能生長良好，像是覆蓋在玉米植株基部般擴展，帶來保濕、預防雜草叢生等覆蓋物的作用。

此外，玉米偏好吸收銨態氮，而南瓜則偏好吸收硝酸態氮。玉米首先會利用銨態氮，並適度減少銨態氮分解後的硝酸態氮，避免出現南瓜藤蔓太過於茂盛而不會開花結果的情況。

應用：和玉米的混植法，除了南瓜以外也可以用西瓜或葫蘆類作物代替。

栽培程序

【挑選品種】南瓜和玉米都不需要特別挑選品種。

【育苗】兩種作物從種子開始育苗都需要 3～4 週的時間。玉米可於塑膠盆中播 3 粒種子，長出 2～3 片葉子後間拔成 1 株，栽培至長出 4 片葉為止。南瓜於塑膠盆中播 1 粒種子，長出 4～5 片本葉時定植。

【整土】於定植前 3 週混入成熟堆肥及伯卡西肥，充分耕耘並且立畦。

【定植】於 5 月上旬～下旬同時定植玉米和南瓜的苗株。

【摘心】南瓜長出 2 條子蔓後，將母蔓的前端進行摘心。

【追肥】若田間土壤貧瘠的話，可進行 1～2 次的追肥。於玉米周圍施放 1 個拳頭量的伯卡西肥，並稍微攪拌土壤。南瓜不需要追肥。

【採收】玉米（甜玉米）於定植 60 天後即可採收。南瓜的雌花開花 50 天過後為採收時期。

重點

雖然南瓜天氣暖和較容易栽培，不過玉米定植太晚很容易發生蟲害。提早栽種時，可用塑膠布圍繞於南瓜植株，避免受到早晚的寒氣及強風傷害。

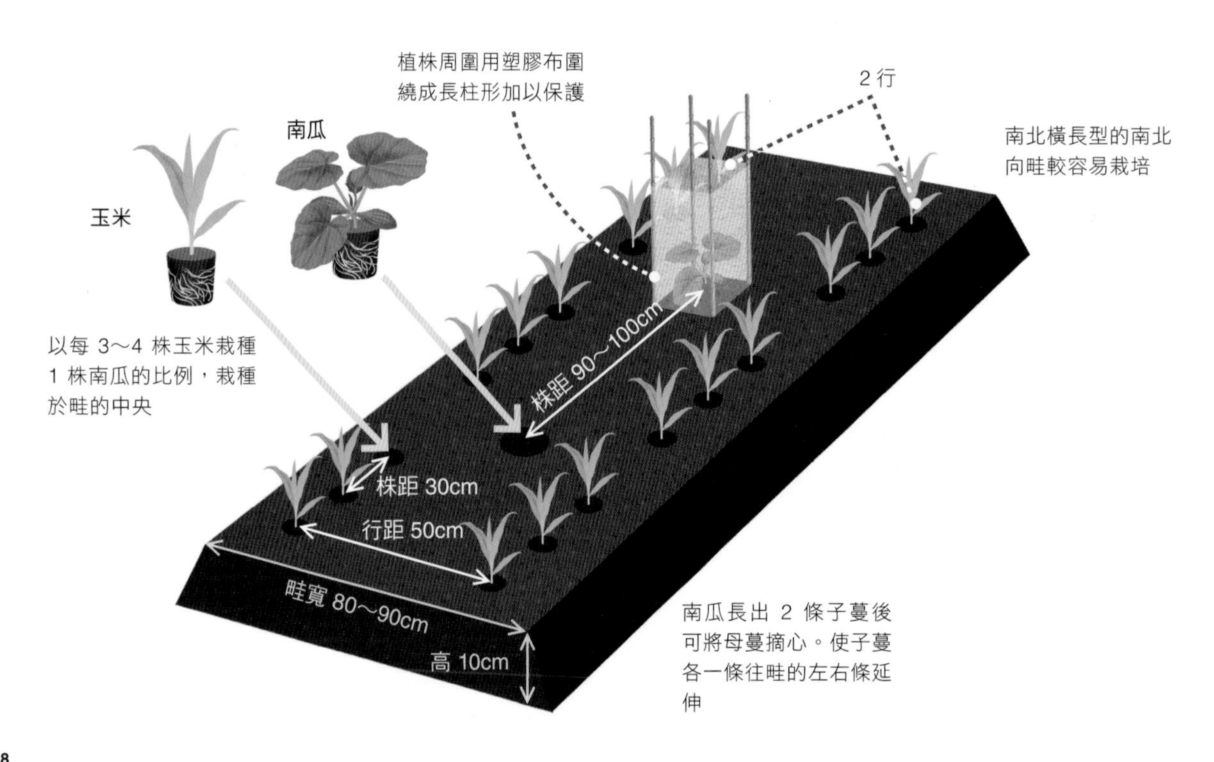
植株周圍用塑膠布圍
繞成長柱形加以保護
2 行
南瓜
南北橫長型的南北
向畦較容易栽培
玉米
以每 3～4 株玉米栽種
1 株南瓜的比例，栽種
於畦的中央
株距 90～100cm
株距 30cm
行距 50cm
畦寬 80～90cm
高 10cm
南瓜長出 2 條子蔓後
可將母蔓摘心。使子蔓
各一條往畦的左右條延
伸

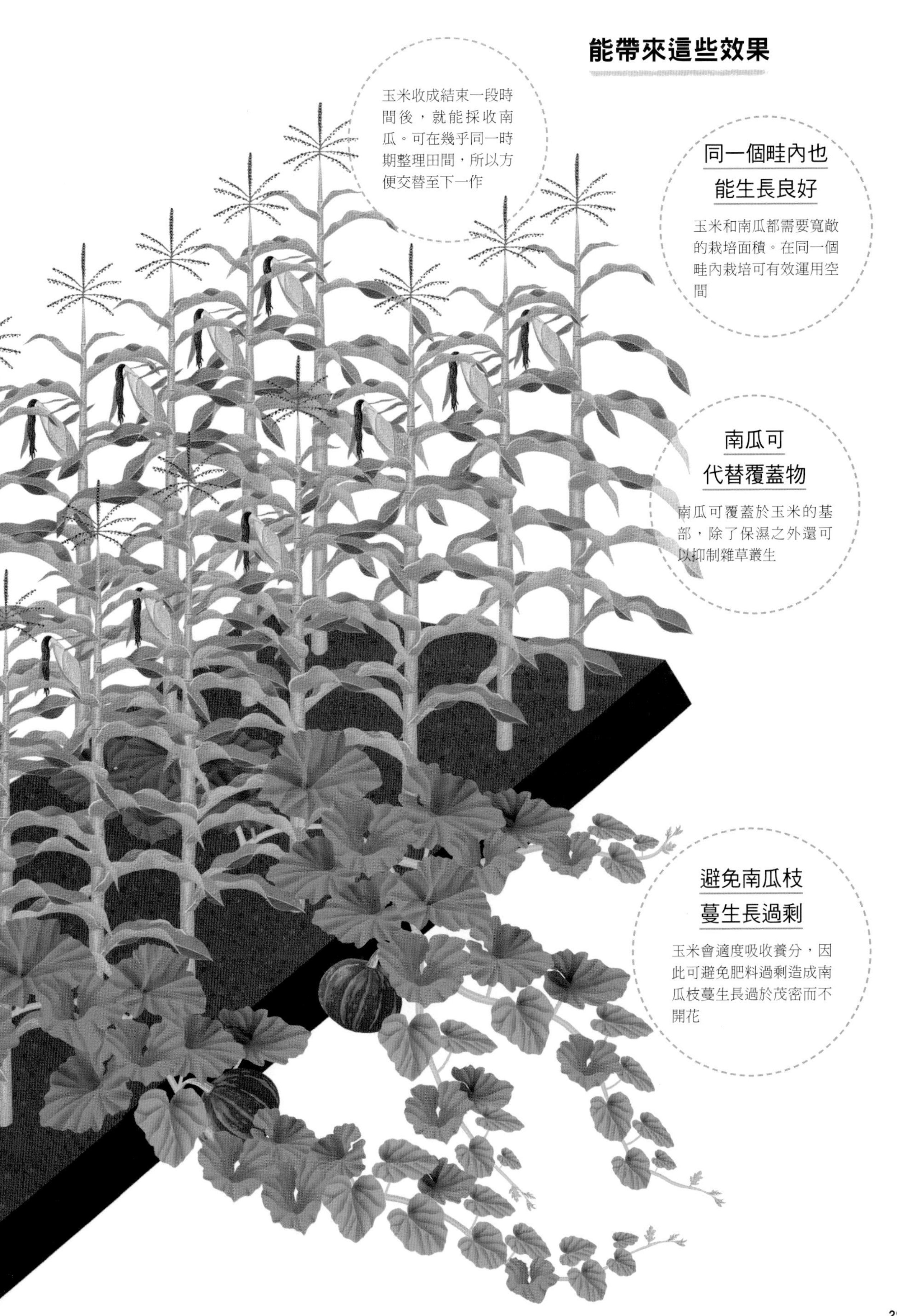
能帶來這些效果
玉米收成結束一段時間後，就能採收南瓜。可在幾乎同一時期整理田間，所以方便交替至下一作
同一個畦內也能生長良好
玉米和南瓜都需要寬敞的栽培面積。在同一個畦內栽培可有效運用空間
南瓜可代替覆蓋物
南瓜可覆蓋於玉米的基部，除了保濕之外還可以抑制雜草叢生
避免南瓜枝蔓生長過剩
玉米會適度吸收養分，因此可避免肥料過剩造成南瓜枝蔓生長過於茂密而不開花

南瓜 X 大蔥

預防疾病
促進生長

防止土壤病害發生，同時能採收品質優良的果實

雖然南瓜是比較耐病害的蔬菜，不過偶爾還是會出現疫病或立枯病等土壤病害。一旦感染這些病害，可能會造成植株在生長途中枯萎，或是採收後追熟中的果實受損而無法食用。

這時候可和小黃瓜等作物一樣，在定植幼苗時和大蔥混植。可藉由共生在大蔥根部的細菌所釋放的抗生物質減少病原菌，抑制發病。另外，大蔥也能先吸收過剩的肥料，所以和大蔥混植較不易引起南瓜的藤蔓生長過剩，而變得容易開花結果。

應用：和大蔥的混植也可應用於小黃瓜、西瓜、哈密瓜等作物（參閱 p.26、32、34）。

栽培程序

【挑選品種】南瓜和大蔥都不需要特別挑選品種。大蔥可購買幼苗，或是於 3 月上旬～中旬播種育苗，也可以利用從去年開始栽培的苗株。

【整土】於定植前 3 週混入成熟堆肥及伯卡西肥，充分耕耘並且立畦。

【定植】於 5 月上旬～下旬同時定植南瓜和大蔥的苗株。可於南瓜植株周圍用塑膠布圍起長方體保護屏障，避免受到早晚的寒氣及強風傷害，促進生長。

【摘心】南瓜長出 2 條子蔓後，將母蔓的前端進行摘心。

【追肥】不需要追肥。

【採收】南瓜的雌花開花 50 天過後為採收時期。

重點

栽培晚秋採收的「冬至南瓜」時，可在 7 月下旬直接播南瓜的種子於事先定植的大蔥旁。

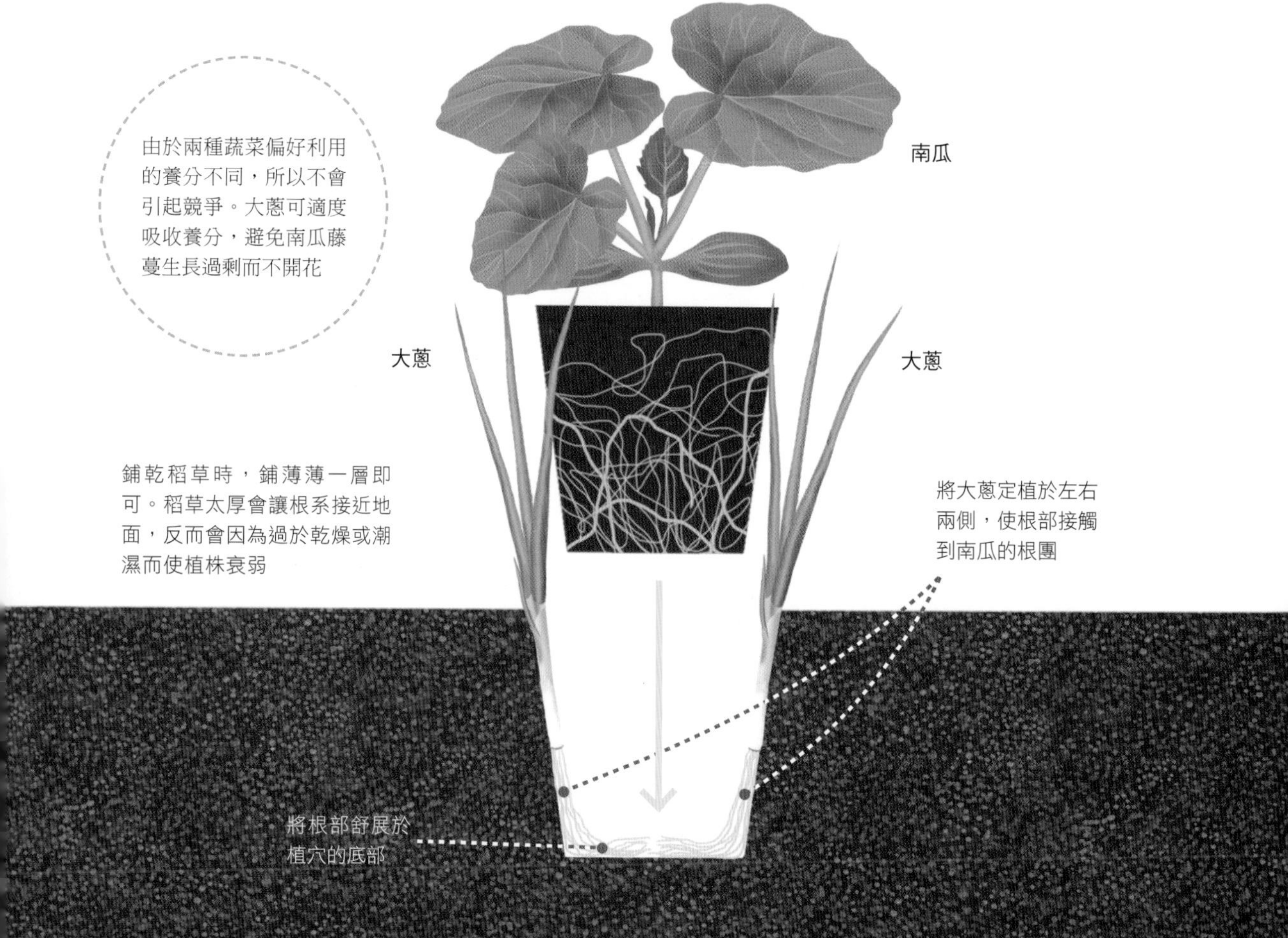

由於兩種蔬菜偏好利用的養分不同，所以不會引起競爭。大蔥可適度吸收養分，避免南瓜藤蔓生長過剩而不開花
南瓜
大蔥
大蔥
鋪乾稻草時，鋪薄薄一層即可。稻草太厚會讓根系接近地面，反而會因為過於乾燥或潮濕而使植株衰弱
將大蔥定植於左右兩側，使根部接觸到南瓜的根團
將根部舒展於植穴的底部

南瓜 X 大麥

促進生長
預防疾病

南瓜藤蔓纏繞於大麥栽培出茁壯的植株

若想栽培出豐碩的南瓜果實，最理想的狀態就是從開雌花的節（著果節）前端長出 10 片葉。若長出 15 片葉，1 根藤蔓甚至有可能長出 2 顆南瓜。

若想增加葉片數量並且使其茁壯，應依序將藤蔓的前端用乾稻草覆蓋保濕，利於根系生長。和大麥一起栽培，就不需要麻煩的鋪稻草作業。

於春至初夏播下大麥種子，植株高度就不會長太高，葉片像是覆蓋地面般以放射狀擴展生長。能保濕土壤，同時還能抑制其他的雜草叢生，所以可促進南瓜的根系擴展。另外，南瓜的捲鬚會纏繞大麥的葉片，穩定南瓜植株，促進枝蔓生長，同時也增加葉片數量，結果就能栽培出美味的南瓜果實。

應用：和大麥的混植，也可以應用於西瓜或匍匐性小黃瓜等作物。大麥可用燕麥、白三葉草種子代替，不過到了夏天燕麥的植株高度容易過高，需要隨時踩踏使其倒伏。利用升馬堂或是車前草等自生雜草的「草生栽培」也是一種方式。

栽培程序

【挑選品種】南瓜不需特別挑選品種。而大麥在市面上也有販售植生覆蓋物專用的品種。

【整土】於定植前 3 週混入成熟堆肥及伯卡西肥，充分耕耘並且立畦。

【定植】於 5 月上旬～下旬定植南瓜後，於南瓜植株周圍用塑膠布圍起長方體保護屏障。將大麥種子撒在畦上及通道上。接著用耙子等耙平表面，將種子稍微覆土。

【摘心】南瓜長出 2 條子蔓後，將母蔓的前端進行摘心。

【追肥】不需要追肥。

【採收】南瓜的雌花開花 50 天過後為採收時期。大麥進入炎夏後會因為炎熱而枯萎。

重點

栽培冬至南瓜時，於夏天枯萎的大麥葉片可直接代替覆蓋物運用。南瓜採收後，可將枯萎的大麥掩埋至土壤內當作綠肥。

雖然大麥會出現白粉病，不過吞噬白粉病菌的「菌寄生菌」也會同時增加，驅除南瓜的白粉病

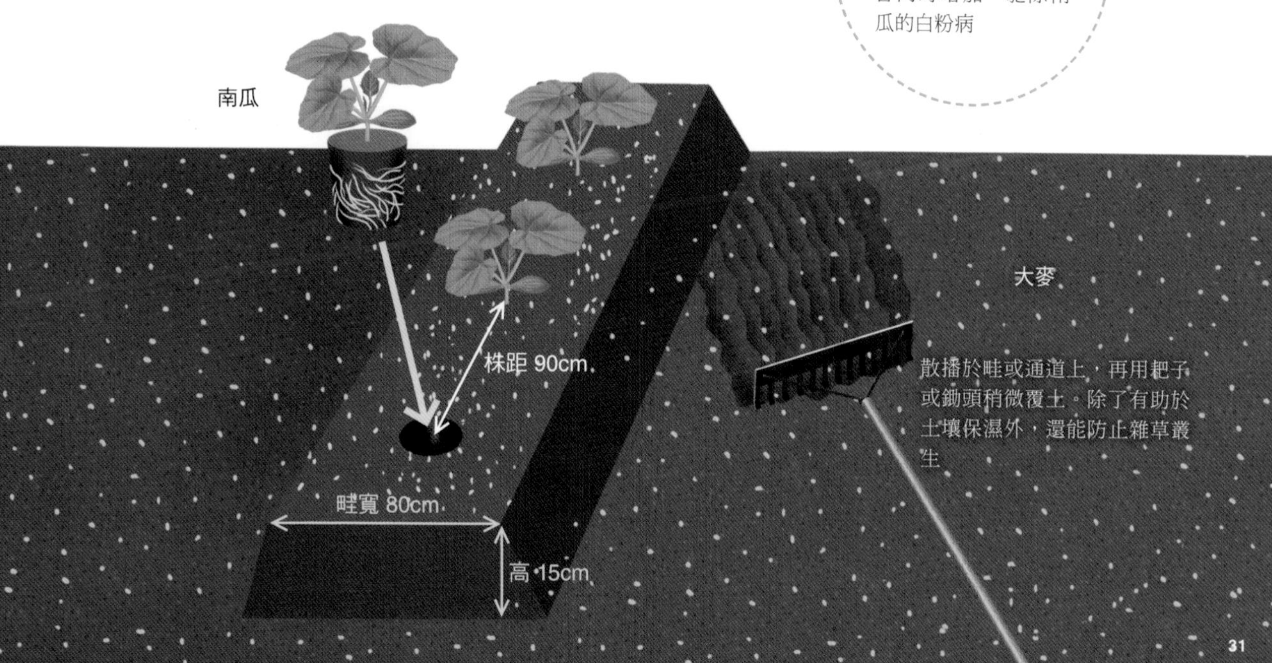
南瓜
株距 90cm
畦寬 80cm
高 15cm
大麥
散播於畦或通道上，再用耙子或鋤頭稍微覆土。除了有助於土壤保濕外，還能防止雜草叢生

西瓜 X 大蔥

預防疾病

附著在大蔥根部的拮抗菌
能減少病原菌，增強抗病能力

西瓜和其他葫蘆科作物一樣偶爾會出現蔓割病。由於枝蔓變得無法運送水分及養分，所以葉片會枯萎，嚴重時甚至造成整棵枯死。病原菌會長期間殘留於土壤中，因此要想辦法做好減少病原菌數量的對策。

定植西瓜苗時若同時栽種大蔥，共生於大蔥根部的細菌所分泌的抗生物質能殺死病原菌，使西瓜不易感染疾病。西瓜屬於直根性，根部會往土壤深處伸展，側根數較少。大蔥雖然屬於淺根類型，不過病原菌大多存在於接近地面的較淺位置，所以能充分發揮預防病害的作用。

應用：和大蔥的混植也可應用於小黃瓜、南瓜、哈密瓜、瓜類等（參閱 p.26、30、34）

栽培程序

【挑選品種】西瓜和大蔥都不需要特別挑選品種。大蔥可購買幼苗，或是於 3 月上旬～中旬播種育苗，也可以利用從去年開始栽培的苗株。

【整土】於定植前 3 週混入成熟堆肥及伯卡西肥，充分耕耘並且立出方形畦。

【定植】於 5 月中旬～下旬同時定植西瓜和大蔥的苗株。可於西瓜植株周圍用塑膠布圍起長方體保護屏障，避免受到早晚的寒氣及強風傷害，促進生長。

【鋪稻草】將整個畦田鋪上稻草。避免鋪太厚，大約是可以看到下方土壤的程度即可。

【摘心】在西瓜母蔓第 5～6 節摘去前端（摘心），使其長出 3 條子蔓。栽培大型西瓜時，可使其中 2 條長出果實。剩下 1 條當作「預留枝蔓」，可藉此加強根系的吸水力。

【追肥】當果實長成拳頭大小時，可於植株基部施放 1 把伯卡西肥。

【採收】開花後的採收日隨著品種而異，根據品種採收即可。也可以敲看看果實，若出現彈性的聲響即為採收時機。

重點

栽培晚秋採收的「冬至南瓜」時，可在 7 月下旬直接播南瓜的種子於事先定植的大蔥旁。

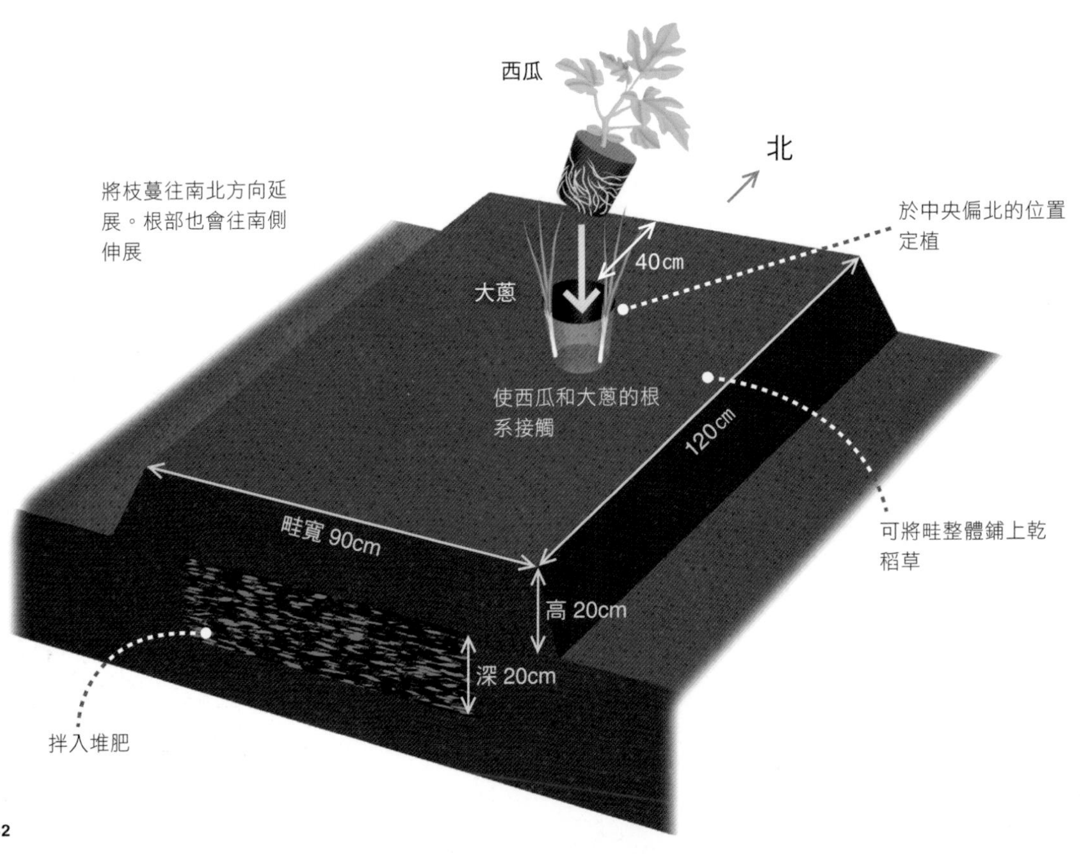
西瓜
北
將枝蔓往南北方向延展。根部也會往南側伸展
於中央偏北的位置定植
40cm
大蔥
使西瓜和大蔥的根系接觸
120cm
畦寬 90cm
可將畦整體鋪上乾稻草
高 20cm
深 20cm
拌入堆肥

西瓜 X 馬齒莧

促進生長

讓深根類型的雜草生長 促進西瓜根系的作用

西瓜的原產地為熱帶非洲的沙漠至熱帶草原。由於氣候非常乾燥，所以會將直根往土壤下方伸展，並藉由葉片的蒸散作用像是強力的幫浦般，從土壤深處將水分往上吸。

馬齒莧是田間常見的夏季代表性雜草，這時候可保留任其生長。馬齒莧的根和西瓜一樣都是直根性，能從土壤深處將水分往上吸，同時促進土壤中空氣和水的流通，因此有促進西瓜根系的作用。結果便能使西瓜植株生長旺盛，枝蔓延伸葉片茂密，以確實進行光合作用，採收鮮甜且水分豐富的果實。

應用：和馬齒莧的混植方式，也可應用於青江菜、小松菜等栽培。

栽培程序

【挑選品種】西瓜不需要特別挑選品種。若田間沒有野生的馬齒莧，可以從道路上的馬齒莧採種並播種。也可以利用近緣的園藝品種「馬齒牡丹」。

【整土】於定植前 3 週混入成熟堆肥及伯卡西肥，充分耕耘並且立方形畦（參閱 p.32 的圖片）。

【定植】於 5 月中旬～下旬定植西瓜。

【摘心】在西瓜母蔓第 5～6 節摘去前端（摘心），使其長出 3 條子蔓。栽培大型西瓜時，可使其中 2 條長出果實。剩下 1 條當作「預留枝蔓」，可藉此加強根系的吸水力。

【追肥】當果實長成拳頭大小時，可於植株基部施放 1 把伯卡西肥。

【採收】參閱 p.32。馬齒莧也可以涼拌食用。東北地區會曬乾製作成保存食品。

重點

馬齒莧數量較少時，建議鋪上乾稻草。乾稻草鋪成能看見地面的厚度，並且盡量促進馬齒莧生長。

能帶來這些效果

也可以將西瓜和大蔥、馬齒莧一起栽種

葉片生長茂盛 西瓜也會變得更甜

隨著西瓜根部往深處伸展，地上部的枝蔓也能生長旺盛。當葉片茂密就能進行大量光合作用，果實也變得更鮮甜

有助於西瓜的吸水作用

馬齒莧同樣為直根性。地面附近乾燥時會將土壤深處的水分往上吸，因此西瓜也便能容易吸收水分，栽培出水嫩多汁的果實

具有代替覆蓋物的作用

馬齒莧耐炎熱及乾燥，並且像是覆蓋地表般匍匐伸展，因此有代替覆蓋物的作用

西瓜根部能往深處伸展

當馬齒莧根部往下生長後，土壤內的空氣也變得流通，進而促進西瓜根系發展。降雨量多時也有促進排水的作用

西瓜

大蔥

馬齒莧

哈密瓜 X 大蔥

預防疾病

藉由附著在大蔥根部的拮抗菌預防蔓割病等病害

哈密瓜也和小黃瓜等其他葫蘆科作物一樣，都是容易發生蔓割病的果菜。雖然市面上也有抗病性強的嫁接苗，不過就算是自家播種育苗的自根苗，只要和大蔥混植，就能夠預防疾病。和大蔥根部共生、稱為伯克氏菌的細菌會分泌抗生物質，藉此減少蔓割病菌等病原菌，預防病害發生。哈密瓜是隨著枝蔓伸展時，根部也會橫向延伸的淺根類型，因此和同樣是淺根類型的大蔥混植。在農業生產者之間也是常見的提升抗病害方法。

應用：和大蔥的混植也可應用於小黃瓜、南瓜、瓜類等其他淺根類型的葫蘆科作物（p.26、30、32）。大蔥可用細香蔥代替。

栽培程序

【挑選品種】哈密瓜、大蔥都不需要特別挑選品種。大蔥可購買幼苗，或是於 3 月上旬～中旬播種育苗，也可以利用從去年開始栽培的苗株。

【整土】於定植前 3 週混入成熟堆肥及伯卡西肥，充分耕耘並且立畦。

【定植】於 5 月中旬～下旬同時定植哈密瓜和大蔥。

【鋪稻草】哈密瓜的根系不耐乾燥及高溫，因此在定植後應於畦上鋪乾稻草。

【摘心】將母蔓第 5～6 節摘去前端（摘心），使其長出 2 條子蔓。

【追肥】為促進哈密瓜生長，應於每 3 週施一個拳頭大小的伯卡西肥，並且稍微和土壤混合。由於枝蔓交錯生長，再加上根系也非常接近地面，因此應稍微遠離植株基部，於枝蔓前端附近施用追肥，避免傷及根部。大蔥不需施用追肥。

【採收】哈密瓜雖然會根據品種而異，不過待表面出現紋路，或是散發出哈密瓜獨特香氣時即可採收。大蔥可在哈密瓜採收完畢後移植，栽培的同時進行覆土，可於晚秋後採收。

重點

栽培重點在於生長初期避免感染病害。將大蔥的根系接觸哈密瓜的根團定植，可提高預防效果。

哈密瓜

大蔥

大蔥

兩種作物偏好利用的養分不同，所以不會引起競爭

根系靠近地面伸展，不耐乾燥，因此可鋪乾稻草保濕。同時也能防止泥水彈起

將大蔥栽種於左右兩側，使根系能接觸到哈密瓜的根團。利用細香蔥時由於植株較小，因此可集中多株栽種

將根系舒展於植穴底部

哈密瓜 X 看麥娘

促進生長
預防疾病
迴避害蟲

代替覆蓋物達到保濕作用，同時也能增加益蟲和益生菌

看麥娘是主要於秋至春季田間常見的禾本科雜草。植株到了春天會急速增大，於 5～6 月結花穗。接著會因為夏季的炎熱而枯萎。哈密瓜的幼苗是於 5 月上旬～下旬定植，這時候若畦上或通道上有自生的看賣娘，則加以利用不拔除。當花穗開始伸長時，若修剪至植株高度 10cm 就能阻止其開花，因此不會老化，葉片到了秋天都能以放射狀覆蓋地面不枯萎。

看麥娘的葉片除了能讓哈密瓜的捲鬚捲繞生長外，也能達到土壤保濕、防止泥水彈起及抑制雜草叢生等作用，可促進哈密瓜生長。另外，看麥娘也能成為寄生於益蟲及白粉病菌的「菌寄生菌」的棲息場所，抑制哈密瓜的病蟲害。

應用：同時也能應用於南瓜及瓜類。

栽培程序

【**挑選品種**】哈密瓜不需要特別挑選品種。

【**整土**】於晚秋前立好畦，利於看麥娘生長。於定植前 3 週混入成熟堆肥及伯卡西肥，充分耕耘並且立畦。

【**修剪**】為避免看麥娘結花穗，應隨時將植株高度修剪成 10cm 程度。

【**定植**】於 5 月上旬～下旬定植哈密瓜。

【**追肥**】參閱 p.34。

【**採收**】哈密瓜雖然會根據品種而異，不過待表面出現紋路，或是散發出哈密瓜獨特香氣時即可採收。看麥娘到了秋天便會枯萎。

重點

看麥娘也經常自生於原本是水稻田的田間。如果沒有野生的看麥娘時，也可以在定植哈密瓜苗時同時播下植生覆蓋物用的麥類種子栽培。

能帶來這些效果

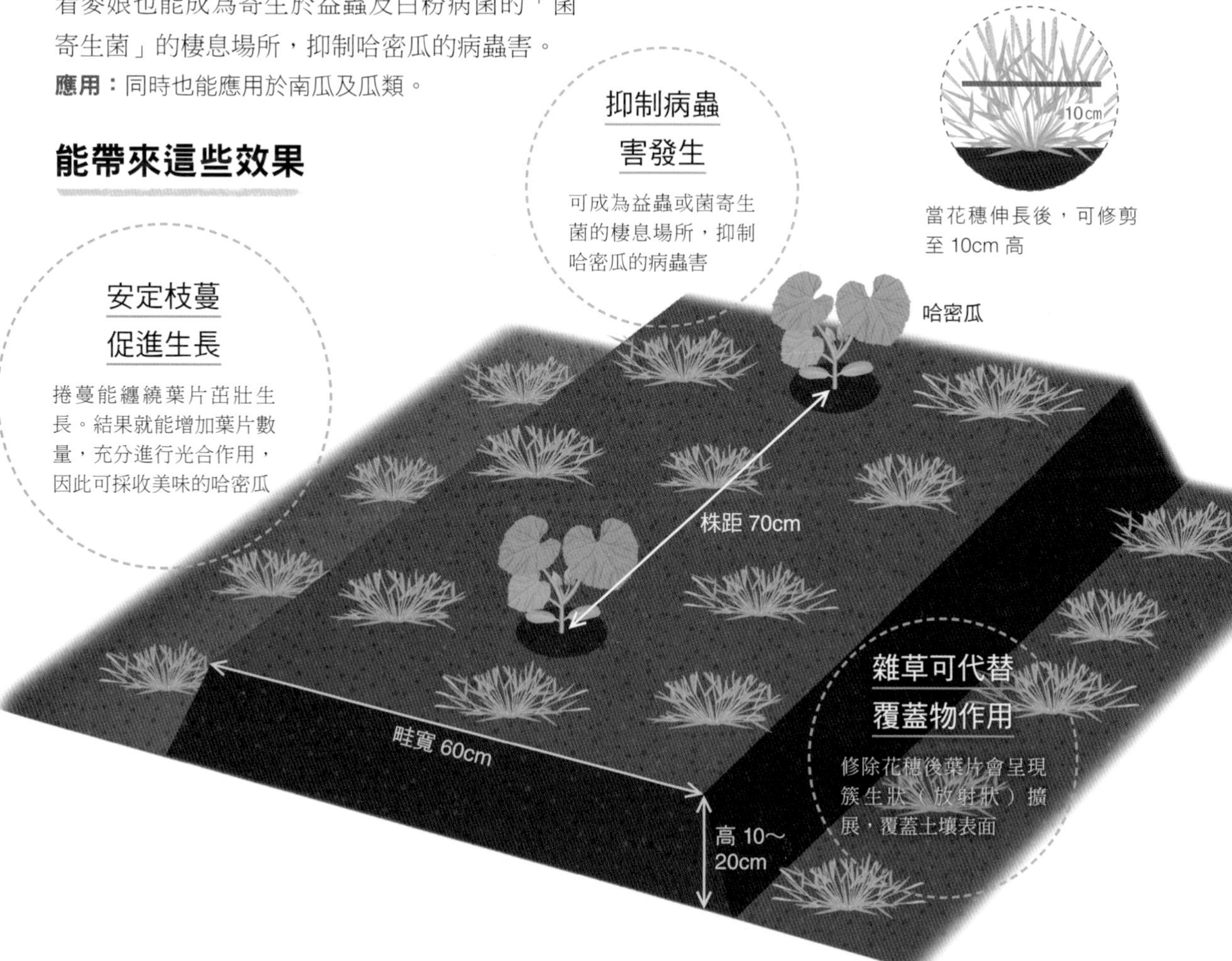
看麥娘
10cm
當花穗伸長後，可修剪至 10cm 高
抑制病蟲害發生
可成為益蟲或菌寄生菌的棲息場所，抑制哈密瓜的病蟲害
安定枝蔓促進生長
捲蔓能纏繞葉片茁壯生長。結果就能增加葉片數量，充分進行光合作用，因此可採收美味的哈密瓜
哈密瓜
株距 70cm
畦寬 60cm
高 10～20cm
雜草可代替覆蓋物作用
修除花穗後葉片會呈現簇生狀（放射狀）擴展，覆蓋土壤表面

column
1

草生栽培
建議保留的雜草

**在栽培蔬菜時，通常會想將所有雜草都去除乾淨，
不過當中其實也有能促進作物生長，或是預防連作障礙及病蟲害的種類。
在這裡為各位介紹建議保留的雜草。**

活用雜草當作共生栽培植物

如同江戶時代的農書上所述「上農不看草而除草。中農看草後割草，下農看草而不除草」，在過去田間除了作物以外，完全沒有其他雜草生長才是理想的狀態。其理由則是雜草會吸收蔬菜所需的土壤中養分，或是太過於茂盛的雜草會成為害蟲的棲息處。

然而，蔬菜原本也是野生的雜草，在原產地大多是和其他植物共存生長。因此可將雜草視為一種共生栽培植物，幫助蔬菜的生長。

舉例來說，長年以連作栽培高麗菜時，自然而然就會長出繁縷、紫菀等雜草並且覆蓋於土壤表面，呈現出高麗菜能安定生長的環境。南瓜的枝蔓會伸長捲鬚纏繞升馬堂等夏季雜草，固定枝蔓，促進生長。栽培西瓜時若保留夏季雜草馬齒莧，馬齒莧的根系能往土壤深處伸展，使水分更容易從土壤中吸收，栽培出更多汁的西瓜。

同時也有助於解決連作障礙以及病蟲害的防治

豌豆連作後從根部所分泌的生長阻礙物質，會殘留在土壤中好幾年，使生長極度惡化（真性忌地現象）。然而，若不加以除草，進行栽培的同時適度放任雜草生長的「草生栽培」，不可思議的是竟然就不會發生連作障礙。

另外，雜草和蔬菜共通的害蟲有限。甚至附著於雜草的害蟲會引誘天敵前來，成為天敵的棲息場所，抑制蔬菜的害蟲，達到天敵溫存植物（banker plants）的作用。

同時雜草也有助於預防病害的效果。白粉病菌的種類會根據品種而異，雜草的白粉病幾乎不會感染蔬菜。反而藉由保留雜草，可增加寄生於雜草白粉病菌上、能使白粉菌死滅的白粉寄生菌（Ampelomyces）數量，有助於抑制番茄、南瓜、哈密瓜、櫛瓜等作物的白粉病。

草生栽培的實例

高麗菜×繁縷
高麗菜的周圍由繁縷覆蓋地面，達到保溫、保濕的作用。這是長年連作高麗菜自然而然出現的一種「極相」狀態

小松菜×白藜
白藜為藜科，和小松菜科別不同，因此可為十字花科的小松菜帶來驅除效果

番茄×艾草
群生於番茄兩側通道的艾草。可當作天敵溫存植物，增加蚜蟲、葉蟎、薊馬等害蟲的天敵

白三葉草

又稱為白車軸草。匍匐莖延伸覆蓋地面。屬於豆科植物，因此能讓土壤逐漸肥沃。容易出現白粉病，可成為菌寄生菌的棲息場所，可用來防治葫蘆科等作物的白粉病

薺菜

十字花科，也是春天的七草之一。別名為護生草、地菜，通常給人生長在荒涼之地的印象，其實在弱酸性且偏肥沃的田間生長比較茂盛。能藉由根圈微生物的作用促進分解有機物

看麥娘

經常出現於春天的田間或是稻田酸性土壤的禾本科雜草。可使其生長於哈密瓜的周圍，使哈密花枝蔓纏繞進行草生栽培

紅藜、白藜

和菠菜同樣屬於藜科（在其他分類上為莧科），過去曾被當作食用植物。常見於春至秋季。屬於深根且群生型，可作為地被植物利用。照片為紅藜

繁縷

石竹科。肥沃田間的常見草類，好生於弱酸性的土壤，能覆蓋地面。非常適合和高麗菜、青花菜等十字花科蔬菜一起栽種。為春天的七草之一

艾草

菊科。藉由地下莖擴展群生，抑制其他的雜草。帶有獨特的香氣和苦味，也經常用來當作草餅的材料或涼拌食用。除了能驅除害蟲外，也有增加蚜蟲、葉蟎、薊馬等害蟲天敵的作用

寶蓋草

唇形科。於秋至春季經常可看到和繁縷一起生長的樣子。過了立春便會抽出花莖，開出可愛的花。可應用於高麗菜等過冬蔬菜的草生栽培

馬齒莧

馬齒莧科。在某些地區或國家被當作食用植物。多肉質地的葉片往外擴展，覆蓋地表，除了能保濕之外，根部也能深入土壤深處，促進空氣和水分的流通。近緣種為馬齒牡丹，多用來栽培成觀賞花卉

酢漿草

酢漿草科。藉由匍匐莖生長。開花後會結果，接著使種子飛向遠方繁殖。可增加葉蟎的天敵。在沖繩會利用近緣種「紫花酢漿草」和苦瓜進行草生栽培，同時也會和山原繁縷一起栽種

車前草

車前草科。常見於道路旁或是荒涼的土地。就算踩踏後也能頑強地繼續生長。容易出現白粉病，並且增加菌寄生菌，因此在葡萄棚架下方栽種，可抑制葡萄的白粉病

玉米 X 蔓性四季豆

促進生長　活用空間　迴避害蟲

纏繞玉米莖部的同時促進生長，還能驅除害蟲

玉米和蔓性四季豆的混植，是過去在美國原住民之間所流傳至今的栽培技術。日本從以前在西日本的山間地帶，也會將玉米（硬顆粒種）和蔓性四季豆或是刺毛黧豆（虎爪豆）一起混植。

最大的益處就是田間的有效利用。在定植完成的玉米植株間撒下四季豆的種子，四季豆發芽後能將玉米的莖部當作支架纏繞生長。玉米雖然會吸收大量的肥料，不過豆科的四季豆根部和根瘤菌共生，能固定空氣中的氮氣並轉變為養分，使土壤肥沃，因此同時也能促進玉米的生長。

另外，玉米很容易出現亞洲玉米螟，四季豆則會出現近緣種 Ostrinia zaguliaevi（桿野螟屬）等害蟲，將兩種作物混植後可抑制雙方的被害情況。

應用：也可以用刺毛黧豆（虎爪豆），或是秋收的豌豆等代替蔓性四季豆。

栽培程序

【挑選品種】玉米基本上選擇甜玉米品種。蔓性四季豆不論是圓莢、平莢都可以。使用各地區流通的地方品種也是一種栽培樂趣。

【準備幼苗】於黑軟盆內播 3 顆玉米種子，當葉片長出 2～3 片時間拔至 1 株。栽培至長出 4 片葉片為止。到定植前需要約 3～4 週。

【整土】於定植前 3 週混入成熟堆肥及伯卡西肥，充分耕耘並立畦。

【定植、播種】定植的適期為 4 月中旬～5 月中旬。玉米苗定植完成後，可立刻或是數日後在植株間分別播 3 顆種子。用 7 月下旬～8 月上旬播種栽培的苗所進行的玉米抑制栽培，也同樣可以和蔓性四季豆混植。

【追肥】基本上不需要。施肥過量會造成蔓性四季豆過於茂盛，而無法結果莢。

【覆土】當玉米植株基部長出枝根時，應進行覆土作業。

【採收】玉米的採收期為定植 60～70 天後。蔓性四季豆幾乎也在同一時期開始採收。若隨時趁著豆莢鮮嫩時採收，之後也能增長採收期間。

重點

如果太早播蔓性四季豆的種子或是施肥過量，有可能會妨礙玉米的光合作用，因此可在玉米定植完成 1～2 週後再將蔓性四季豆播種也無妨。

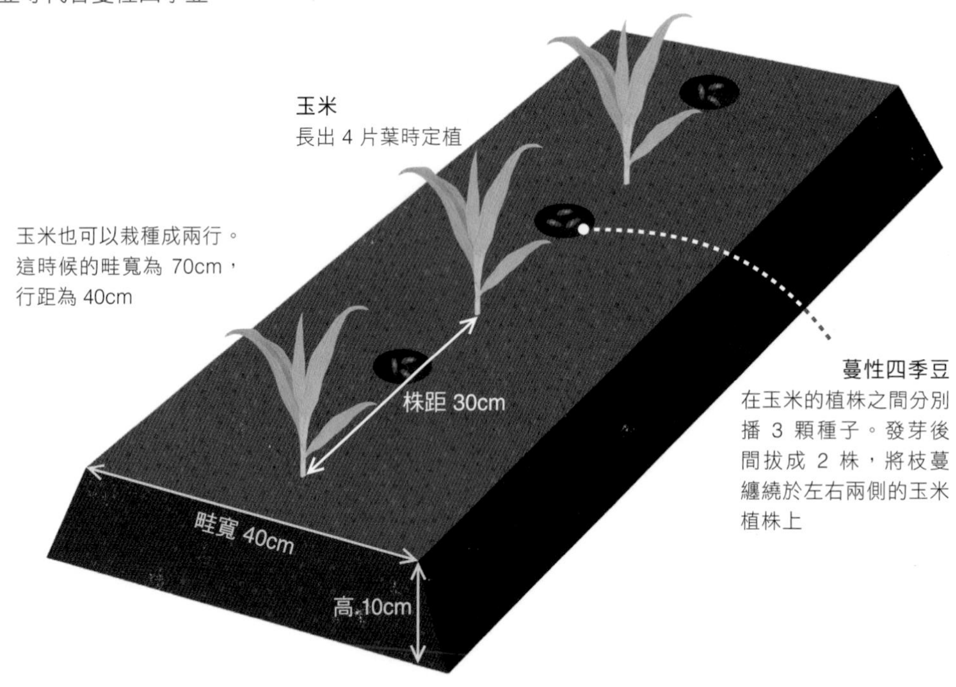
玉米
長出 4 片葉時定植
玉米也可以栽種成兩行。
這時候的畦寬為 70cm，
行距為 40cm
株距 30cm
畦寬 40cm
高 10cm
蔓性四季豆
在玉米的植株之間分別播 3 顆種子。發芽後間拔成 2 株，將枝蔓纏繞於左右兩側的玉米植株上

能帶來這些效果

減少害蟲飛來
喜好玉米的亞洲玉米螟，以及喜好四季豆的 Ostrinia zaguliaevi（桿野螟屬）能互相迴避，因此可減少害蟲的被害情況
玉米莖部可代替支架作用
蔓性四季豆的枝蔓能纏繞於玉米充分伸展。玉米採收後，蔓性四季豆可繼續採收至秋季
藉由根瘤菌的作用使土壤肥沃
附著在蔓性四季豆根部的根瘤菌，能固定空氣中的氮，使土壤變得肥沃，促進玉米生長

玉米 X 紅豆

促進生長
迴避害蟲

不需要追肥，促進玉米生長

和蔓性四季豆一樣（p.38）是玉米和豆科作物的組合。紅豆根部附著根瘤菌，能固定空氣中的氮氣使土壤肥沃，促進玉米的生長。如果不是貧瘠土地的話，玉米甚至不需要施加追肥。

在寒冷地區通常是將「夏季紅豆」於 4 月下旬～5 月下旬進行春播，而中間地區或溫暖地區則是以 7 月上旬～中旬夏播的「秋季紅豆」為主。也有當作玉米的間作，於春天栽種極早生的毛豆，秋天栽種紅豆這種方法。栽種方法和毛豆混植一樣進行間作。

玉米雖然容易引來亞洲玉米螟，而紅豆則容易出現 Ostrinia zaguliaevi（桿野螟屬）害蟲，不過兩種作物的科別不同，因此害蟲會互相迴避，減少危害情況。

應用：也可以用毛豆代替紅豆栽培（參閱 p.42）。

栽培程序

【挑選品種】玉米只要是甜玉米系的話，不用特別挑選品種。紅豆如果是早生品種的話選擇春播（夏季紅豆），晚生品種則選擇夏播（秋季紅豆）品種。不建議使用蔓性品種。

【準備幼苗】於黑軟盆內播 3 顆玉米種子，當葉片長出 2～3 片時間拔至 1 株。栽培至長出 4 片葉片為止。到定植前需要約 3～4 週。

【整土】於定植前 3 週混入成熟堆肥及伯卡西肥，充分耕耘並立畦。

【定植、播種】春季玉米於 4 月中旬～5 月上旬定植，同時分別播下 3 顆紅豆種子於田間。秋季玉米於 8 月中旬～9 月上旬定植，不過紅豆請提早於 7 月上旬～中旬直播於田間。

【追肥】基本上不需要。土壤偏貧瘠時，可將玉米每三週施放 1 把伯卡西肥。紅豆肥料過剩容易造成枝葉過於茂盛而無法結果莢。

【覆土】當玉米植株基部長出枝根時，應進行覆土作業。紅豆也應數次覆土於基部使其長出不定根，可藉此促進生長。

【採收】玉米的採收期為定植 60～70 天後。夏季紅豆為 7 月中旬～8 月上旬，秋季紅豆為 10 月上旬～11 月中旬，當葉片枯萎掉落，大部分果莢乾燥成熟時即可收成。

重點

紅豆是採收成熟的豆子，因此栽培期間需要 120～140 天。應算好開始栽培的時機點。

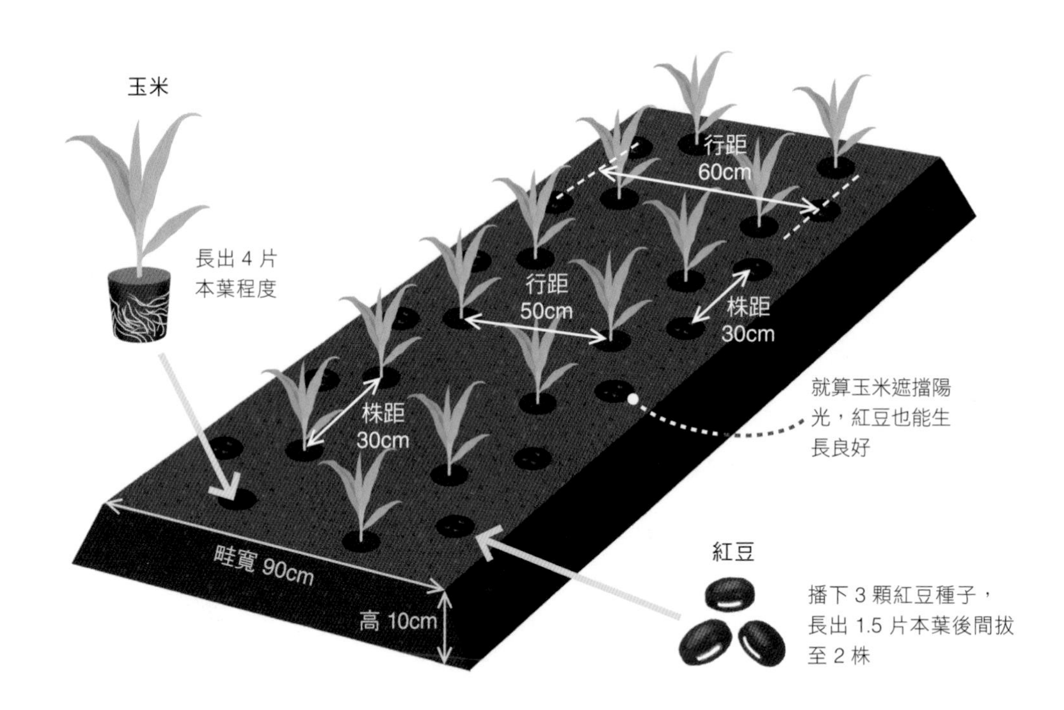

玉米
長出 4 片
本葉程度
行距
60cm
行距
50cm
株距
30cm
株距
30cm
就算玉米遮擋陽光，紅豆也能生長良好
畦寬 90cm
高 10cm
紅豆
播下 3 顆紅豆種子，
長出 1.5 片本葉後間拔
至 2 株

玉米 X 芋頭

促進生長　活用空間

夏天時芋頭在遮陰處生長。秋天時玉米生長良好

玉米不會有光線太亮而使生長速度變慢的「光飽和點」，照射到愈強烈的陽光愈能茁壯生長。而芋頭照射到強烈的夏季陽光反而會讓生長遲緩，在稍微遮陰的地方才能生長良好。因此便利用植株高度較高的玉米所造成的遮陰來栽培芋頭。

春季栽培的玉米大約於 8 月上旬採收，接著在耕耘整土完成後，也可以於 8 月下旬～9 月上旬栽培秋季玉米。和芋頭共生的根瘤菌能固定氮素，使周圍的土壤肥沃，不過到了生長期的後半段才會出現明顯效果。在秋季將芋頭栽培於玉米的附近，就算不施加追肥也能促進玉米生長。

栽培程序

【挑選品種】 玉米和芋頭都不需要特別挑選品種。

【整土】 於定植前 3 週混入成熟堆肥及伯卡西肥，充分耕耘並立畦。

【定植】 玉米於 4 月下旬～5 月下旬定植，芋頭於 4 月下旬～5 月中旬定植。

【追肥】 土壤較貧瘠時，可將玉米每三週施放 1 把伯卡西肥。

【覆土、鋪稻草】 當玉米植株基部長出枝根時，應進行覆土作業。芋頭於 6 月上旬和 7 月上旬進行覆土後，可於梅雨季結束前鋪乾稻草保濕。

【採收】 玉米（甜玉米）的採收期為定植 60～70 天後。芋頭應於初霜前收成。

重點

栽培玉米時盡量立出東西向的畦田，並於會造成遮陰處的北側栽種芋頭。當玉米栽培於南北向的畦田時，可於容易造成遮陰處的一側栽種芋頭。

鴨兒芹也能在遮陰處生長

也可以將鴨兒芹栽培於玉米的遮陰處。鴨兒芹的植株不會長太大，因此可在同一個畦內混植。雖然玉米為鬚根類型，不過鴨兒芹屬於直根類型，不會引起競爭。

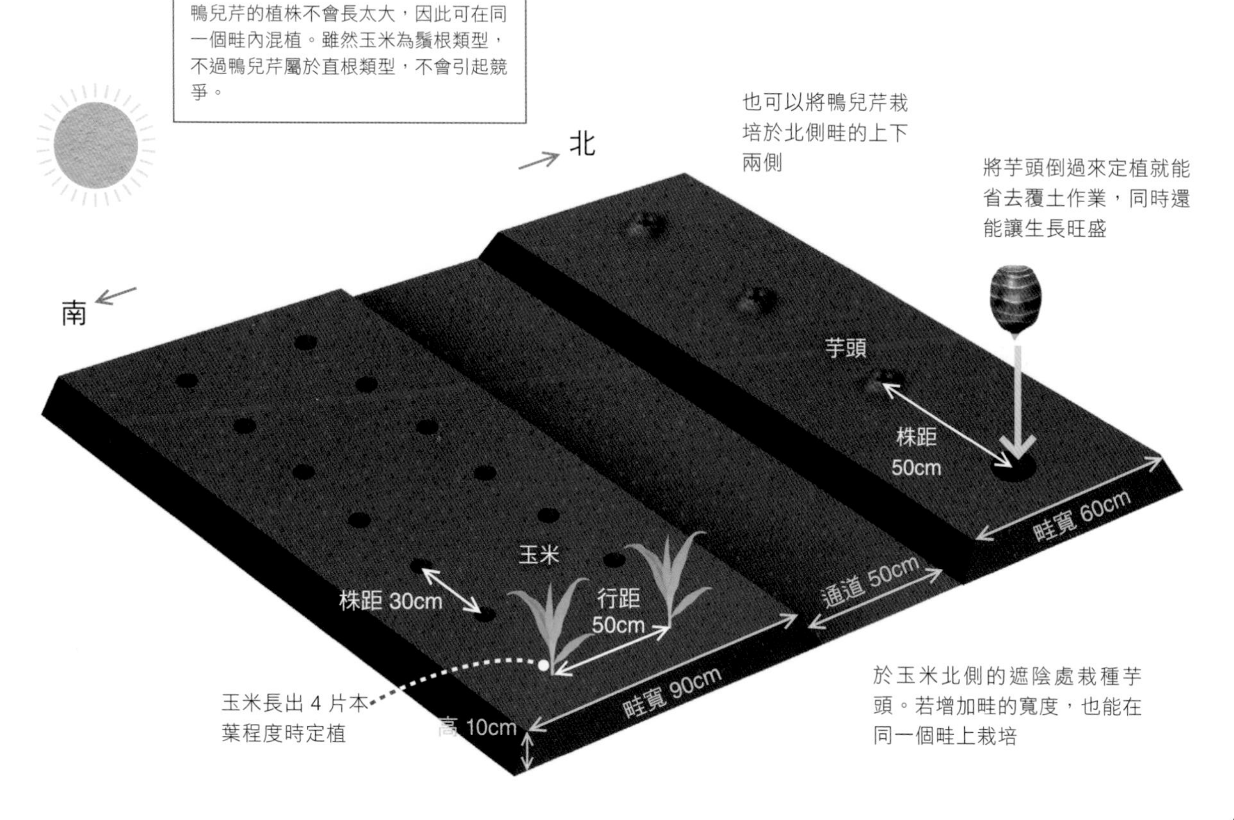

也可以將鴨兒芹栽培於北側畦的上下兩側
北
將芋頭倒過來定植就能省去覆土作業，同時還能讓生長旺盛
南
芋頭
株距 50cm
畦寬 60cm
玉米
株距 30cm
行距 50cm
通道 50cm
玉米長出 4 片本葉程度時定植
畦寬 90cm
高 10cm
於玉米北側的遮陰處栽種芋頭。若增加畦的寬度，也能在同一個畦上栽培

毛豆 X 玉米

促進生長
迴避害蟲

玉米不需要追肥，同時還能促進生長

毛豆和玉米的組合已經廣泛應用於各地。毛豆根部會附著根瘤菌，固定空氣中的氮使土壤肥沃。如果在毛豆旁栽種玉米，能藉由長出的鬚根吸收養分，促進生長。

另外，毛豆根部容易共生根瘤菌，可將磷酸或是其他微量成分（礦物元素）傳遞給玉米。當根部與根瘤菌共生時，毛豆的根部便會附著大量的根瘤菌。

在家庭農園的場合下，可以栽種於兩行玉米之間，或是於兩側栽種毛豆。而農業生展者則是會考慮到作業效率，分別以數行交錯栽種。

應用：可用紅豆（p.40）代替毛豆。

栽培程序

【挑選品種】毛豆建議選擇白豆或茶豆系的極早生～早生品種。秋播時也一樣。黑豆系的晚生品種若於秋天播種，到了晚秋會無法使豆莢肥大。玉米如果是甜玉米系的話，則不需要特別挑選品種。

【準備幼苗】於黑軟盆內播 3 顆玉米種子，當葉片長出 2～3 片時間拔至 1 株。栽培至長出 4 片葉片為止。到定植前需要約 3～4 週。

【整土】於定植前 3 週混入成熟堆肥及伯卡西肥，充分耕耘並立畦。

【定植、播種】玉米於 4 月下旬～5 月下旬定植，同時分別將 3 顆毛豆種子直接播種於田中，長出 1.5 片本葉（不含初生葉）時間拔至 2 株。

【追肥】基本上不需要追肥。

【覆土】當玉米植株基部長出枝根時，應進行覆土作業。毛豆若將基部進行數次覆土，能長出不定根促進生長。

【採收】玉米（甜玉米）的採收期為定植 60～70 天後，毛豆的採收期為播種 80～90 天後。

重點

毛豆發芽前容易遭到鳥食害，事先覆蓋網子或不織布較能安心。

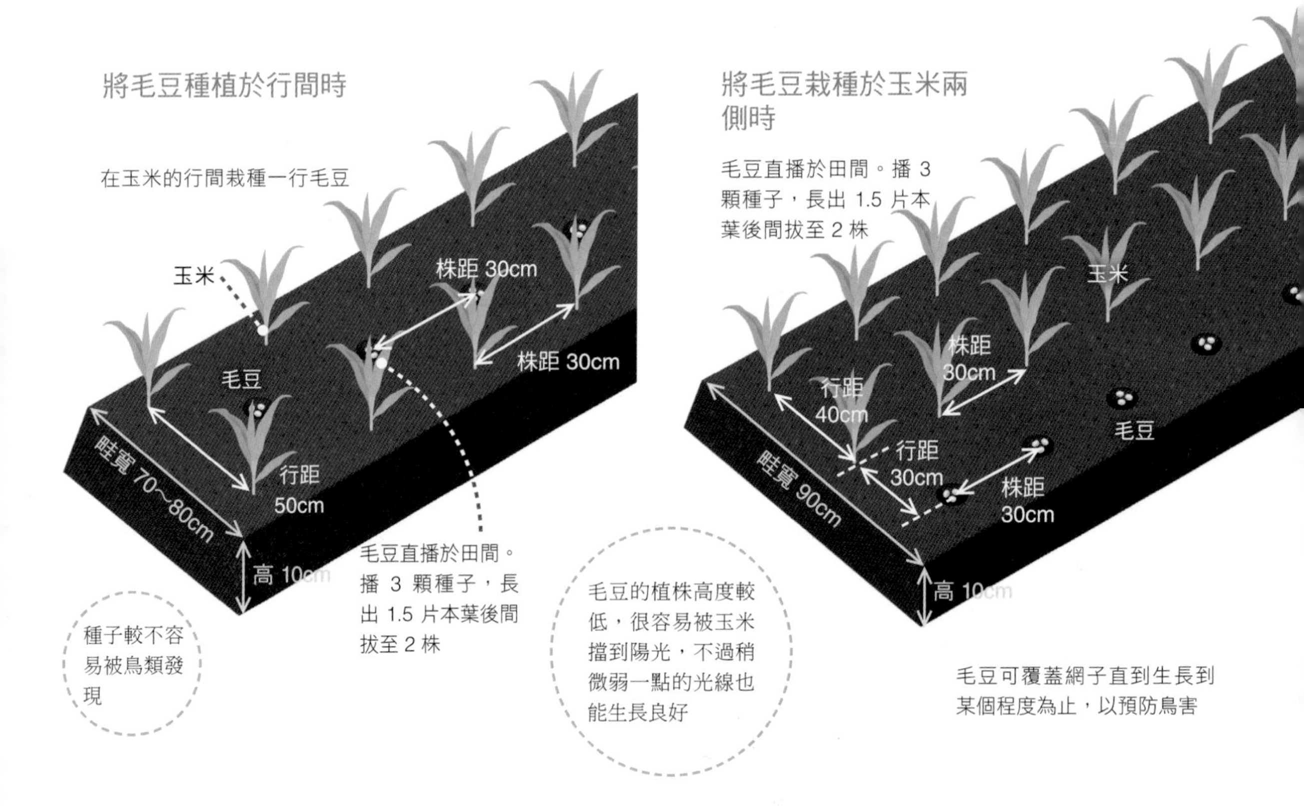
將毛豆種植於行間時
在玉米的行間栽種一行毛豆
玉米
毛豆
株距 30cm
株距 30cm
畦寬 70～80cm
行距 50cm
高 10cm
毛豆直播於田間。播 3 顆種子，長出 1.5 片本葉後間拔至 2 株
種子較不容易被鳥類發現
毛豆的植株高度較低，很容易被玉米擋到陽光，不過稍微弱一點的光線也能生長良好
將毛豆栽種於玉米兩側時
毛豆直播於田間。播 3 顆種子，長出 1.5 片本葉後間拔至 2 株
玉米
株距 30cm
行距 40cm
行距 30cm
株距 30cm
毛豆
畦寬 90cm
高 10cm
毛豆可覆蓋網子直到生長到某個程度為止，以預防鳥害

能帶來這些效果
互相迴避害蟲
由於兩者科別不同，可互相驅除玉米容易出現的亞洲玉米螟，以及毛豆容易出現的白緣螟蛾
成為天敵溫存植物
可彼此成為害蟲天敵的棲息場所，減少危害情況
使土壤肥沃
附著在毛豆根部的根瘤菌能讓土壤肥沃，促進
菌根菌的聯絡網發達
菌根菌能同時附著在毛豆和玉米的根部，可透過菌根菌的聯

毛豆 X 火焰生菜

迴避害蟲

促進生長

藉由葉片覆蓋地面保濕。促進毛豆結豆莢

毛豆能和各種蔬菜以混植或間作的形式一起栽培。葉菜類像是小松菜、菠菜等，和大多數種類都能彼此組合，與毛豆共生的根瘤菌也能促進土壤肥沃，使兩者皆能生長良好。

可將火焰生菜栽種於毛豆的植株之間或是畦的左右兩側。多少有些遮陰也能茁壯生長。火焰生菜屬於菊科作物，能迴避附著於毛豆的害蟲以減少危害情況。另外，若想要使毛豆結大量豆莢，增加收成量，最重要的就是開花期不能缺乏水分，如果和火焰生菜一起栽培，就能藉由生菜的葉片擴展而帶來土壤保濕的作用。

應用：除了毛豆之外，也能應用於無蔓性四季豆。

栽培程序

【挑選品種】毛豆不需要特別挑選品種。葉片帶有紅色的火焰生菜，能藉由顏色達到驅除害蟲的作用。

【整土】於定植前 3 週混入成熟堆肥及伯卡西肥，充分耕耘並立畦。貧瘠土壤可在立畦時施放成熟堆肥和燻炭，並且充分攪拌。

【播種、定植】毛豆可參閱 p.45。火焰生菜可於黑軟盆內放入介質（用土），用水澆濕後再撒播種子，並蓋上一層薄薄的介質。培育成幼苗需要約 3 週。可和毛豆一起定植，或是稍微晚一點再定植，毛豆直播於田間時也一樣。

【追肥】基本上不需要追肥。

【覆土】毛豆若將基部進行數次覆土，能長出不定根促進生長。

【採收】毛豆豆莢中的豆子膨大後即可採收。火焰生菜長大後可從外側葉片開始摘除採收。也可以整棵採收。

重點

毛豆若為極早生品種的話，從播種到收成約需 80 天。火焰生菜從幼苗定植到採收則需 30～40 天。栽培的後半段期間混植效果較明顯，因此火焰生菜可以等毛豆覆土作業完成後再定植。

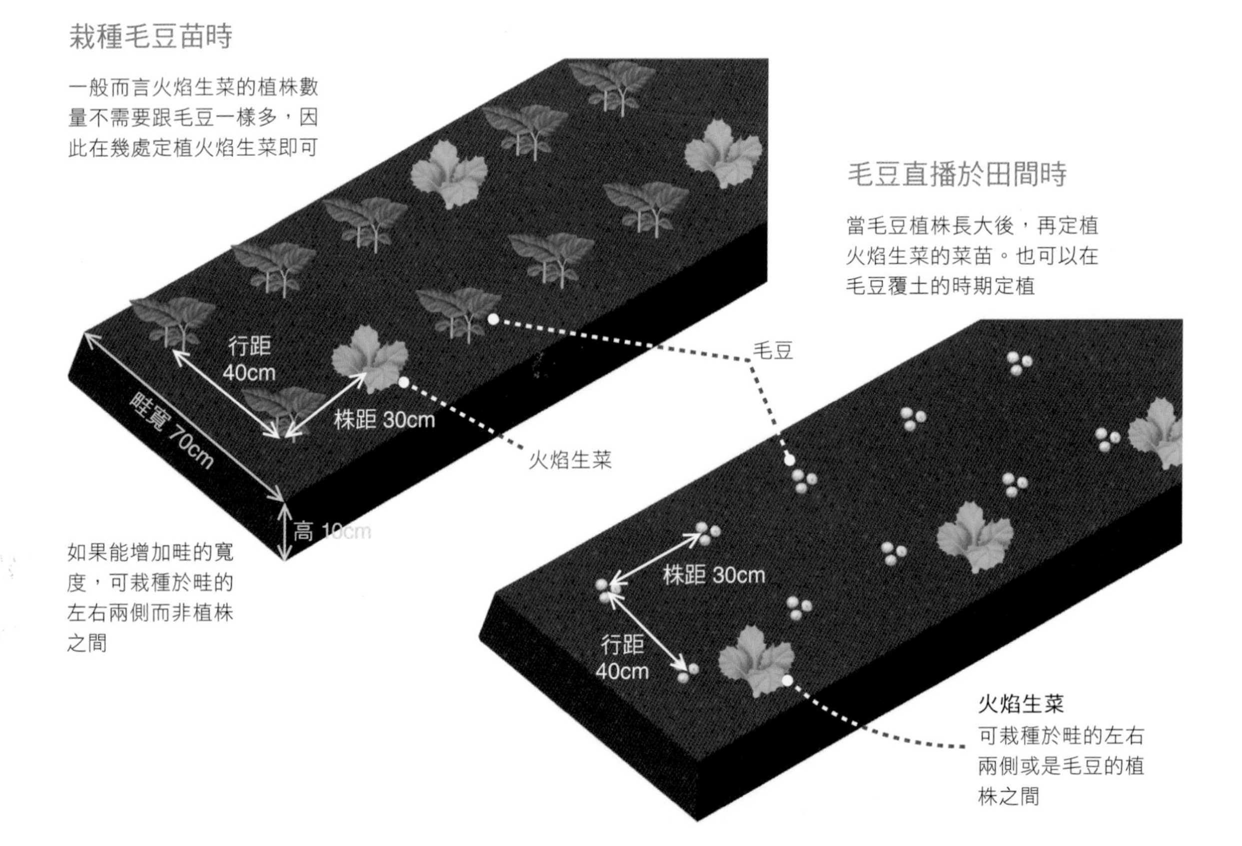
栽種毛豆苗時
一般而言火焰生菜的植株數量不需要跟毛豆一樣多，因此在幾處定植火焰生菜即可
行距 40cm
株距 30cm
畦寬 70cm
高 10cm
如果能增加畦的寬度，可栽種於畦的左右兩側而非植株之間
毛豆
火焰生菜
毛豆直播於田間時
當毛豆植株長大後，再定植火焰生菜的菜苗。也可以在毛豆覆土的時期定植
株距 30cm
行距 40cm
火焰生菜
可栽種於畦的左右兩側或是毛豆的植株之間

毛豆 X 薄荷

迴避害蟲

藉由香草的獨特香氣驅除椿象

說到毛豆常見的害蟲，當屬椿象的一種——點蜂緣椿。這種椿象會從豆莢開始吸食汁液，使豆子損傷而無法順利結豆莢。當氣溫變高時容易發生，因此在啤酒最美味的夏季，也就是毛豆的收成期間尤其容易受到蟲害。

若將薄荷栽種於附近，點蜂緣椿就會因為討厭氣味而減少飛來的情況。混植或間作的方式雖然方便，但由於薄荷為多年生草本植物，就算地上部枯萎其根部仍然殘存於土壤，到了隔年會再重新長出。一旦蔓延至田間就會很難管理，所以薄荷建議以栽種於盆栽或長形菜盆的狀態，放在毛豆附近即可。若想要直接將薄荷播種於田間時，這時候可當作田間周圍的邊界栽培，藉此帶來驅除的效果。

應用：除了毛豆之外，無蔓性四季豆、無蔓性豇豆、紅豆等容易受到椿象危害的豆科作物也可以應用此方法。

栽培程序

【挑選品種】毛豆不需要特別挑選品種。薄荷建議選擇香氣較為強烈的胡椒薄荷、唇萼薄荷（普列薄荷）等品種。

【整土】若土壤較貧瘠時，可於定植前 3 週混入成熟堆肥及伯卡西肥，充分耕耘並立畦。

【播種、定植】將 3 顆毛豆種子直播於田間，再間拔至 2 株。若要事先育苗的話，可於黑軟盆中播 3 顆種子，發芽後間拔至 2 株。長出 1.5 片本葉後即可定植。到定植為止需要約 3 週的時間。薄荷可購買市售苗，再種植於塑膠盆或長形菜盆中。也可以於 3 月中旬～下旬事先播種栽培。

【追肥】基本上不需要追肥。從前一年就開始栽培的薄荷盆栽容易缺乏肥料，可隨時施加伯卡西肥等肥料。

【覆土】毛豆若將基部進行數次覆土，能長出不定根促進生長。

【採收】毛豆豆莢中的豆子膨大後即可採收。栽培天數會根據品種而異，參考每個品種標示的天數即可。薄荷莖葉伸長後可從前端摘取利用。

重點

將薄荷種在盆栽或長形菜盆中，再將部分埋入土壤，就能保持水分，不需要頻繁澆水。毛豆採收結束後，可移動至其他場所栽培。薄荷為多年草，所以隔年也能繼續利用。

能帶來這些效果

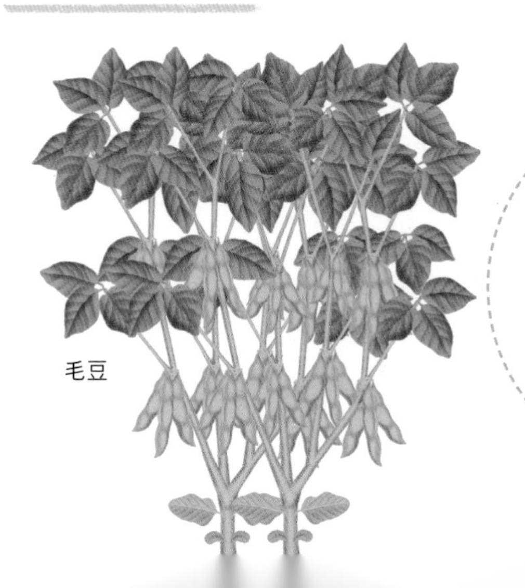
毛豆

藉由獨特的香氣驅除害蟲

尤其能減少椿象或螟蛾飛來的情況

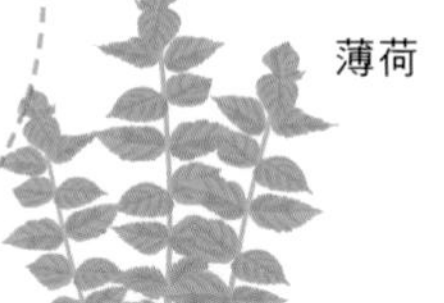

摘取薄荷葉泡茶等享受香草樂趣

將莖葉伸長後，可隨時摘下利用。摘取莖葉能促進生長，也會讓香氣變得強烈，同時提高驅除害蟲的效果

薄荷

在毛豆的畦田每隔 1～2 處放置薄荷

蔓性四季豆 X 芝麻菜

活用空間

迴避害蟲

促進生長

於四季豆植株基部多栽培一種。能採收香氣強烈的香草植物

蔓性四季豆開始生長後，會將鬚蔓纏繞支架或網子不斷往上生長。因此利用植株基部的空間多栽培一種植物，就是這個混植的目的。芝麻菜（火箭菜）為十字花科的植物，經常作為香草或是蔬菜拌入沙拉等利用，而芝麻菜的野生性強，在四季豆的植株基部也能茁壯生長。

四季豆根部附著的根瘤菌能讓土壤變肥沃，使芝麻菜能生長良好。另一方面，芝麻菜能覆蓋四季豆的植株基部，代替覆蓋物達到保濕、保溫、防止雜草等作用，所帶有的香則能驅除四季豆的害蟲。芝麻菜可於 3 月上旬～10 月下旬播種，因此採收後可再次播種。還能在秋季四季豆的播種時期一起播種。

應用：也可以將芝麻菜的種子撒在豌豆植株基部加以混植。

栽培程序

【挑選品種】蔓性四季豆有許多品種。可利用當地的地方性品種，使栽培更容易。芝麻菜除了分成葉片偏圓形的品種外，也有風味強烈的近緣野生種（selvatico）。

【整土】於播種前 3 週立畦。若土壤肥沃的話可以不需要施放基肥。貧瘠土壤可於立畦時施放成熟堆肥，並且充分混勻。

【播種、定植】每一處播 3 顆蔓性四季豆的種子，長出 1.5 片本葉後間拔至 1～2 株。芝麻菜可以和四季豆同時播種。

【追肥】基本上不需要追肥。

【採收】蔓性四季豆的豆莢隨時趁幼嫩時採收，就能長期間持續收成。若等到豆莢中的豆子膨大，會促進植株老化，提早枯萎。而芝麻葉等到葉片數量增加，外側葉片長大後即可摘取採收。間拔後的嫩苗也能食用。

重點

也是方便菜盆栽培運用的組合。將蔓性四季豆當作綠色窗簾來遮陽，並且在菜盆多餘的空間內栽培芝麻菜。

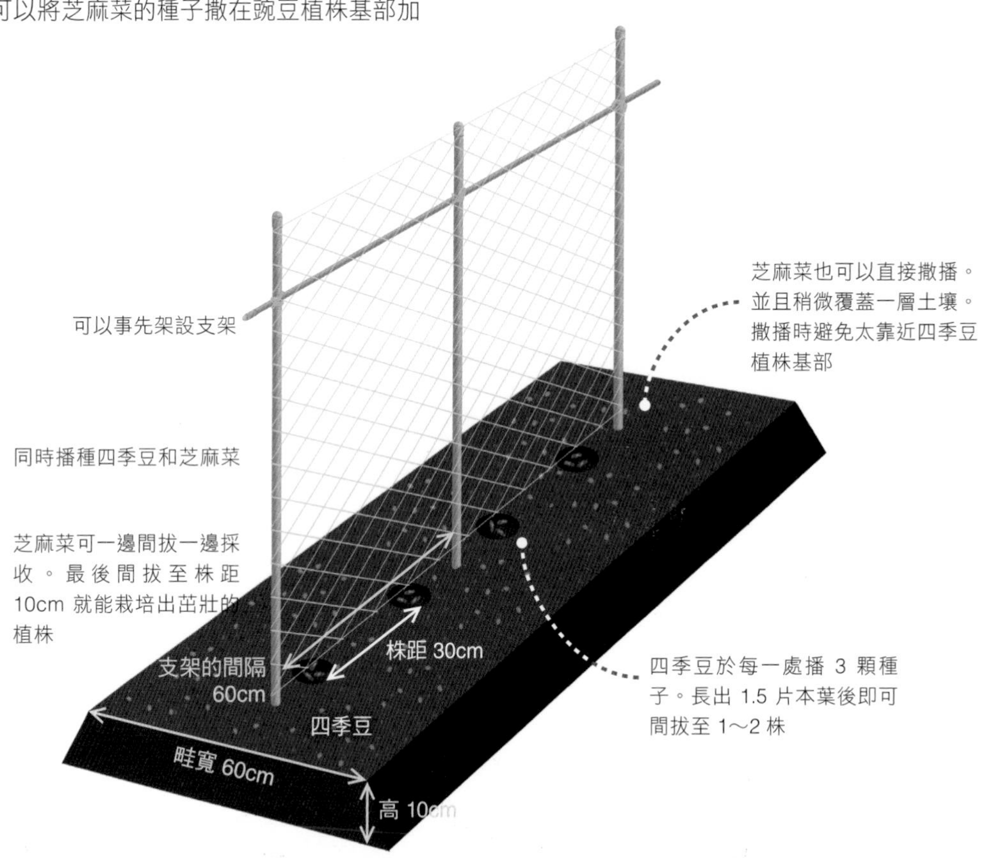

芝麻菜也可以直接撒播。並且稍微覆蓋一層土壤。撒播時避免太靠近四季豆植株基部
可以事先架設支架
同時播種四季豆和芝麻菜
芝麻菜可一邊間拔一邊採收。最後間拔至株距10cm 就能栽培出茁壯的植株
支架的間隔 60cm
株距 30cm
四季豆
四季豆於每一處播 3 顆種子。長出 1.5 片本葉後即可間拔至 1～2 株
畦寬 60cm
高 10cm

蔓性四季豆 X 苦瓜

活用空間

迴避害蟲

促進生長

有效活用誘引網架。最適合當作綠色窗簾遮陽

蔓性四季豆和苦瓜，是將兩種蔓性蔬菜加以組合，有效活用支架或是誘引網架的方法。蔓性四季豆為豆科，根部和根瘤菌共生，能固定空氣中的氮氣至土壤，使土壤變得肥沃。而苦瓜就能利用此養分茁壯生長。

苦瓜屬於葫蘆科且帶有獨特的香氣，所以幾乎不會有害蟲問題。因此便能幫助驅除四季豆的椿象、蚜蟲以及紅豆野螟蛾（Ostrinia zaguliaevi）等害蟲。

不只是田間，也可以栽種於長形菜盆中，並放在窗邊或陽台前，當作綠色窗前享受綠意。

應用：四季豆（蔓性）也可替換為豇豆、四棱豆（羊角豆）等。而苦瓜則是能用絲瓜、小黃瓜或東方甜瓜代替。

栽培程序

【挑選品種】蔓性四季豆、苦瓜都不需要特別挑選品種。

【整土】於定植前 3 週立畦。若土壤貧瘠的話可施放成熟堆肥整土。

【播種、定植】苦瓜於黑軟盆中播 2 顆種子，長出 2 片本葉後間拔成 1 株。長出 3～4 片本葉時定植。同時播種四季豆的種子，於每一處播 3 顆，長出 1.5 片本葉後間拔至 1～2 株。剛播種後到間拔的期間可覆蓋網子或寒冷紗等防止鳥害。

【追肥】基本上不需要追肥。

【採收】蔓性四季豆的豆莢在變硬之前隨時採收。苦瓜則是等到果實肥大後採收。

重點

不論是葫蘆科或豆科作物都很容易遭到根瘤線蟲的危害，如果一起栽培甚至會擴大危害。如果是已經發現有根瘤線蟲危害的田間，應避免這種混植方式。

最初先架好支架或誘引網架。蔓性四季豆的枝蔓幾乎是以垂直的方式伸展，而苦瓜則是稍微傾斜伸展，因此能互相纏繞伸展，呈現出一面漂亮的綠色窗簾

四季豆每一處播 3 顆種子。長出 1.5 片本葉時間拔至 1～2 株

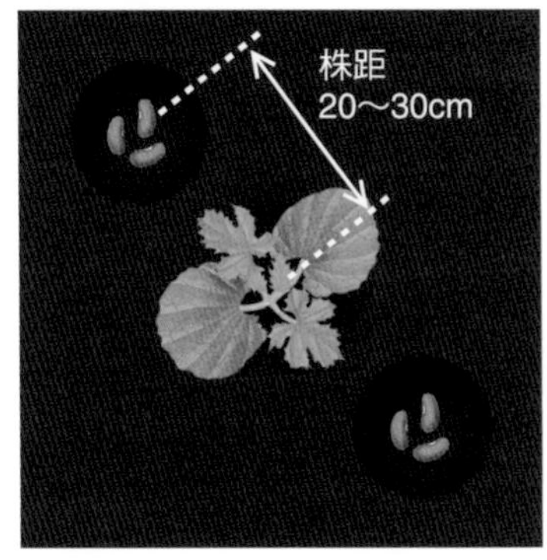
株距
20～30cm

苦瓜長出 3～4 片本葉時定植。定植時應避免種太深

高麗菜 X 火焰生菜

迴避害蟲

藉由萵苣獨特的香氣 防止菜青蟲等害蟲的危害

說到高麗菜的害蟲，最先想到的絕對是被稱為「菜青蟲」的紋白蝶或是小葉蛾的幼蟲。將十字花科的高麗菜和菊科的火焰生菜一起混植，能藉此驅除飛來十字花科作物並且產卵的紋白蝶及小葉蛾。雖然結球萵苣也有效果，但是紋白蝶及小葉蛾不喜歡紅色，所以火焰生菜的效果更明顯。當然，高麗菜也能驅除會附著於火焰生菜的蚜蟲等害蟲。

於春天栽種時，可將高麗菜和火焰生菜同時定植。不過於秋天栽種時，由於蚜蟲的危害情況以生長初期的 9～10 月為最嚴重，所以應比高麗菜更先定植火焰生菜栽培。

應用：高麗菜也可替換為青花菜、花椰菜等。而火焰生菜可替換為長葉萵苣、結球萵苣、茼蒿等。十字花科及菊科蔬菜的組合，大多都有迴避害蟲的效果。

栽培程序

【挑選品種】高麗菜不需要特別挑選品種。不結球萵苣中特別建議使用葉片帶紅色的火焰生菜。於秋天栽種時，可提早將火焰生菜播種育苗，事先栽培出較大的苗。

【整土】於定植前 3 週混入成熟堆肥及伯卡西肥，充分耕耘並立畦。

【定植】春季栽培夏季採收的話應於 4 月中旬～下旬定植，秋季栽培冬季採收的時候可於 9 月上旬～10 月上旬定植。春季採收時應於 10 月下旬定植，不過這時候蚜蟲的危害較少，混植的效果不明顯。

【覆土、追肥】高麗菜在定植 3 週過後，可施 1 把伯卡西肥並且覆土。開始結球後再施 1 把伯卡西肥即可。

【採收】當高麗菜結球後，可試著按壓看看頂部，如果變硬的話即可採收。火焰生菜可從長成大片的外側葉片開始採收，或是從基部切下整棵採收。

重點

火焰生菜在春季栽培時，應從外側葉片慢慢採收，盡量維持長期間混植。秋季栽培時，由於氣溫下降，害蟲的危害情況也隨之減輕，所以可以整株採收。

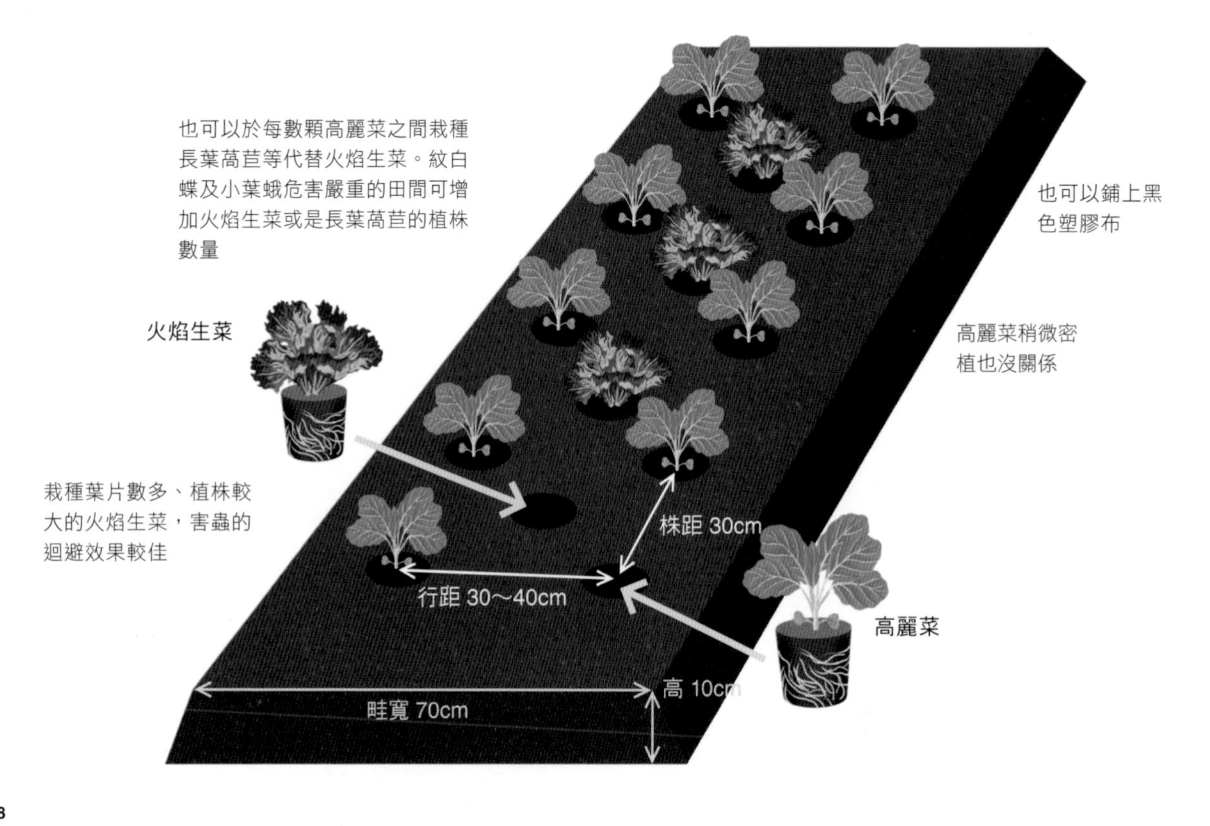
也可以於每數顆高麗菜之間栽種長葉萵苣等代替火焰生菜。紋白蝶及小葉蛾危害嚴重的田間可增加火焰生菜或是長葉萵苣的植株數量
也可以鋪上黑色塑膠布
火焰生菜
高麗菜稍微密植也沒關係
栽種葉片數多、植株較大的火焰生菜，害蟲的迴避效果較佳
株距 30cm
行距 30～40cm
高麗菜
高 10cm
畦寬 70cm

能帶來這些效果

互相迴避害蟲

附著於十字花科和菊科的蚜蟲種類各異。可互相迴避對方的蚜蟲

鼠尾草也能有效驅除害蟲

利用紋白蝶及小葉蛾遠離紅色的特性，將鼠尾草和高麗菜或是青花菜混植。鼠尾草在市面上有許多品種，這時應選擇一串紅栽種。耐夏天炎熱，能在害蟲嚴重的時期茁壯生長，是極佳的混植選擇。

驅除高麗菜的菜青蟲

紋白蝶、小葉蛾、蚜蟲都有避開紅色的傾象

火焰生菜會散發出菊科植物的獨特氣味，使紋白蝶或小葉蛾遠離

兩者皆能生長良好

高麗菜屬於共榮型作物，能和生長於附近的蔬菜共存，不會加以排除

高麗菜 X 蠶豆

促進生長

迴避害蟲

活用空間

高麗菜可為蠶豆阻擋寒風。兩者皆能生長良好

栽培蠶豆的失敗經驗，大多是於晚秋定植於田間後，在還未長出新根時就受到寒風或霜害而使幼苗凍死。雖然也有藉由防風網或是帶葉片的竹子來阻擋寒風等方法，不過如果是種植秋季栽培春收的高麗菜或青花菜時，就可透過混植來遮擋寒風，使蠶豆的根系能確實伸展。對於蠶豆開始栽培時期較晚時特別有效果。

於 11 月上旬～12 月上旬將蠶豆苗定植於高麗菜的植株之間。這時候若將蠶豆根部前端切除再定植，就能促進根系發展。到了隔年春天，共生在蠶豆根部的根瘤菌會使土壤變得肥沃，因此能促進高麗菜的生長。另外，蠶豆容易附著蚜蟲，同時也很容易引誘瓢蟲等天敵前來，所以可藉此防治高麗菜的蚜蟲。

應用：高麗菜也可以替代為青花菜、花椰菜或羽衣甘藍。而蠶豆可替代為豌豆栽種。

栽培程序

【挑選品種】高麗菜選擇不容易抽花苔、秋季栽培春季採收的品種。蠶豆不需要特別挑選品種。

【整土】於定植前 3 週混入成熟堆肥及伯卡西肥，充分耕耘並立畦。

【播種、定植】秋季栽培春季採收的高麗菜應於 10 月下旬～11 上旬定植。蠶豆於 10 月中旬～下旬播種育苗。並於 11 月上旬～12 月上旬定植於高麗菜植株的行間。

【覆土】高麗菜在定植 3 週過後，應進行覆土作業。

【採收】當高麗菜結球後，可試著按壓看看頂部，如果變硬的話即可採收。蠶豆於 5 月中旬～下旬採收。當豆莢往下垂，背部呈現褐色時即為採收時機。

重點

若單純只是想發揮蠶豆擋風作用的話，9 月中旬～下旬定植的冬季採收高麗菜也能以同樣方式應用。高麗菜採收後可保留約 5 片外側葉片繼續栽培，就能為蠶豆擋風，同時達到土壤保濕的作用。到了春天保留下來的高麗菜會長出側芽，可採收 2～3 個拳頭大小的春季高麗菜。

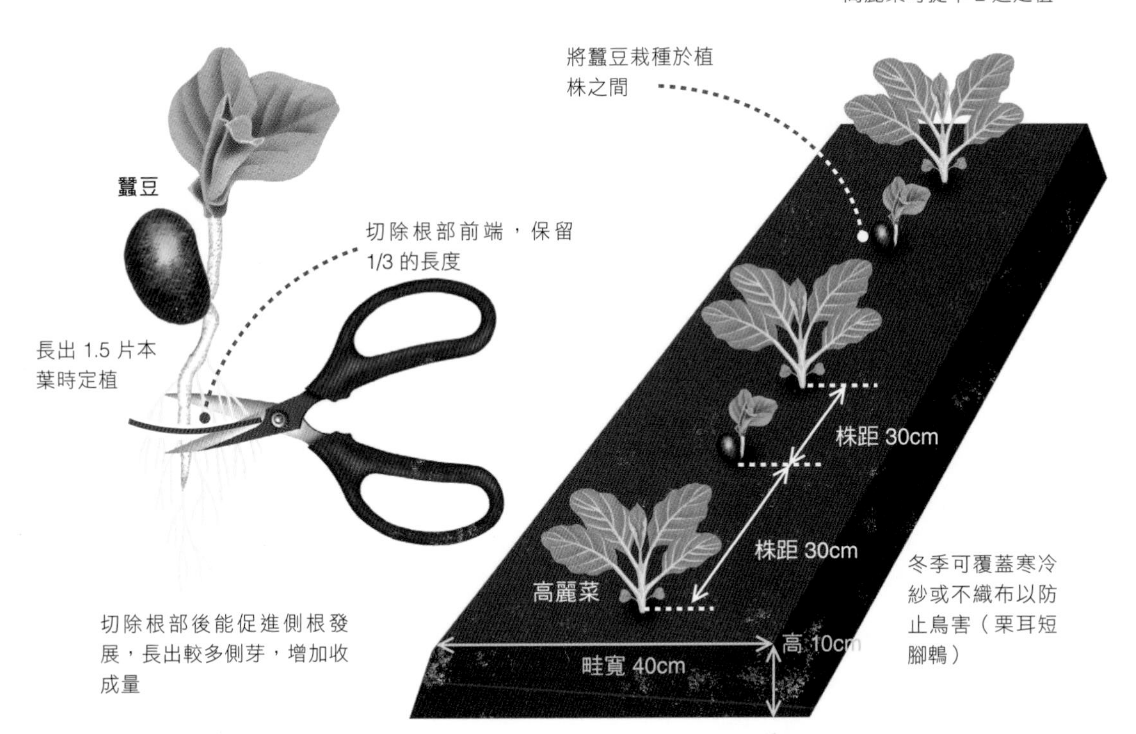
高麗菜可提早 2 週定植
將蠶豆栽種於植株之間
蠶豆
切除根部前端，保留 1/3 的長度
長出 1.5 片本葉時定植
株距 30cm
株距 30cm
高麗菜
冬季可覆蓋寒冷紗或不織布以防止鳥害（栗耳短腳鵯）
切除根部後能促進側根發展，長出較多側芽，增加收成量
畦寬 40cm
高 10cm

高麗菜 X 繁縷、白三葉草

促進生長
迴避害蟲

藉由天然覆蓋物，從秋季至初夏促進高麗菜生長

高麗菜和附近的蔬菜或雜草都能和平共處，可謂是共榮型的蔬菜。同樣是十字花科的結球蔬菜大白菜則屬於排除型，對照之下周圍的蔬菜或雜草幾乎都無法生長。

繁縷是從秋天至春天生長於田間的雜草，也是作為春天七草之一的食用雜草。長出繁縷的場所通常土壤肥沃，高麗菜也能順利生長。

於 10 月下旬繁縷會開始冒出新芽，並且覆蓋畦田或通道，這時候可以放任其生長。能避免土壤直接受到寒風侵襲，達到保溫、保濕作用，促進高麗菜生長。冬季期間持續使用田間，能讓微生物相變得豐富，使土壤肥沃。

種植春季栽培夏季採收的高麗菜時，可運用白三葉草（白車軸草）。除了能代替覆蓋物時覆蓋地面之外，由於白三葉草屬於豆科，因此也有促進土壤肥沃的效果。另外也能增加益蟲，使高麗菜遠離蚜蟲等害蟲的危害。

應用：除了高麗菜之外，也可以替換為青花菜、花椰菜、苔菜等應用。

栽培程序

【挑選品種】高麗菜選擇不容易抽花苔的品種。夏收或冬收時，大部分的品種都能使用。白三葉草市面上也有販售修景用或是綠肥用的品種。

【整土】於定植前 3 週混入成熟堆肥及伯卡西肥，充分耕耘並立畦。利用白三葉草時，可於 11 月立畦播種。此時不需要特別整土。

【定植】高麗菜長出 4～5 片本葉時定植。株距一般為 40～50cm，不過也有藉由 30cm 的稍微密植，採收較小顆的栽培方法。

【追肥、覆土】高麗菜在定植 3 週過後，可施 1 把伯卡西肥並且覆土。開始結球後再施 1 把伯卡西肥即可。

【採收】當高麗菜結球後，可試著按壓看看頂部，如果變硬的話即可採收。

重點

一開始如果沒有自然長出繁縷時，可以從附近的田間移植過來。繁縷或是白三葉草的植株高度增加時，可修短以促進高麗菜日照充足。白三葉草一旦蔓延後，就算除草也會重新長出，管理不易，應限制栽培範圍等多加留意。

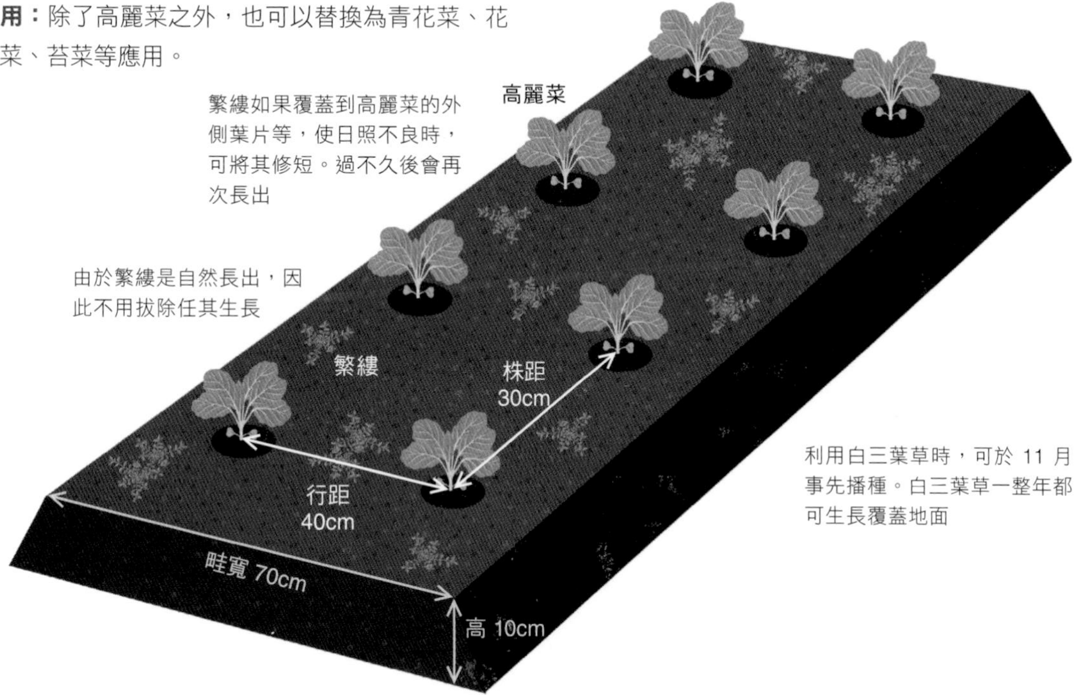
繁縷如果覆蓋到高麗菜的外側葉片等，使日照不良時，可將其修短。過不久後會再次長出
高麗菜
由於繁縷是自然長出，因此不用拔除任其生長
繁縷
株距
30cm
行距
40cm
畦寬 70cm
高 10cm
利用白三葉草時，可於 11 月事先播種。白三葉草一整年都可生長覆蓋地面

大白菜╳燕麥

預防疾病
促進生長
迴避害蟲

藉由燕麥根部釋放的抗菌物質
防止根瘤病的發生

大白菜的外側葉片增大，葉片的數量逐漸增加後，到了秋末便會開始結球，採收葉片肥厚而結實沈重的大白菜。反之若在生長初期遭到害蟲食害，或是感染根瘤病的話，葉片的數量就會無法充分增加，當氣溫下降卻維持在不結球的狀態迎接冬天。

和燕麥的混植能帶來防止根瘤病發生的效果。燕麥根部能合成一種叫做燕麥素（Avenacin）的抗菌物質，避免遭到土壤病原菌的感染。在大白菜旁邊栽種燕麥，能藉由燕麥素減少土壤中病原菌的密度，栽培出健康茁壯的大白菜。另外，燕麥也能成為益蟲的棲息場所，具有減少大白菜害蟲的效果。

應用：除了大白菜之外，也能應用於高麗菜、小松菜、蕪菁等。

栽培程序

【挑選品種】大白菜不需要特別挑選品種。燕麥雖然野生種的預防病害效果較佳，不過也可以使用市售綠肥專用的品種。

【整土】於定植前 3 週混入成熟堆肥及伯卡西肥，充分耕耘並立畦。

【播種、定植】大白菜可於 8 月下旬播種於黑軟盆中育苗。苗的定植為 9 月中旬～下旬。燕麥可以在大白菜定植的同時播種，或是於立畦後的 8 月下旬～9 月上旬直接播種於田間。

【追肥】大白菜盡量栽培出碩大的外側葉片，因此可在定植 3 週過後，於通道的其中一側施放追肥覆土。並於 2 週後於另一側也施放追肥覆土。接著於 3 週後於植著四周施放追肥。份量皆為 1 個拳頭量的伯卡西肥。

【採收】可試著按壓看看大白菜的頂部，如果變得扎實的話即可採收。

重點

當燕麥植株高度變高，使大白菜的日照變差時，可修剪至 10cm 左右的程度。修剪完可以鋪在畦田或是通道，代替覆蓋物使用。

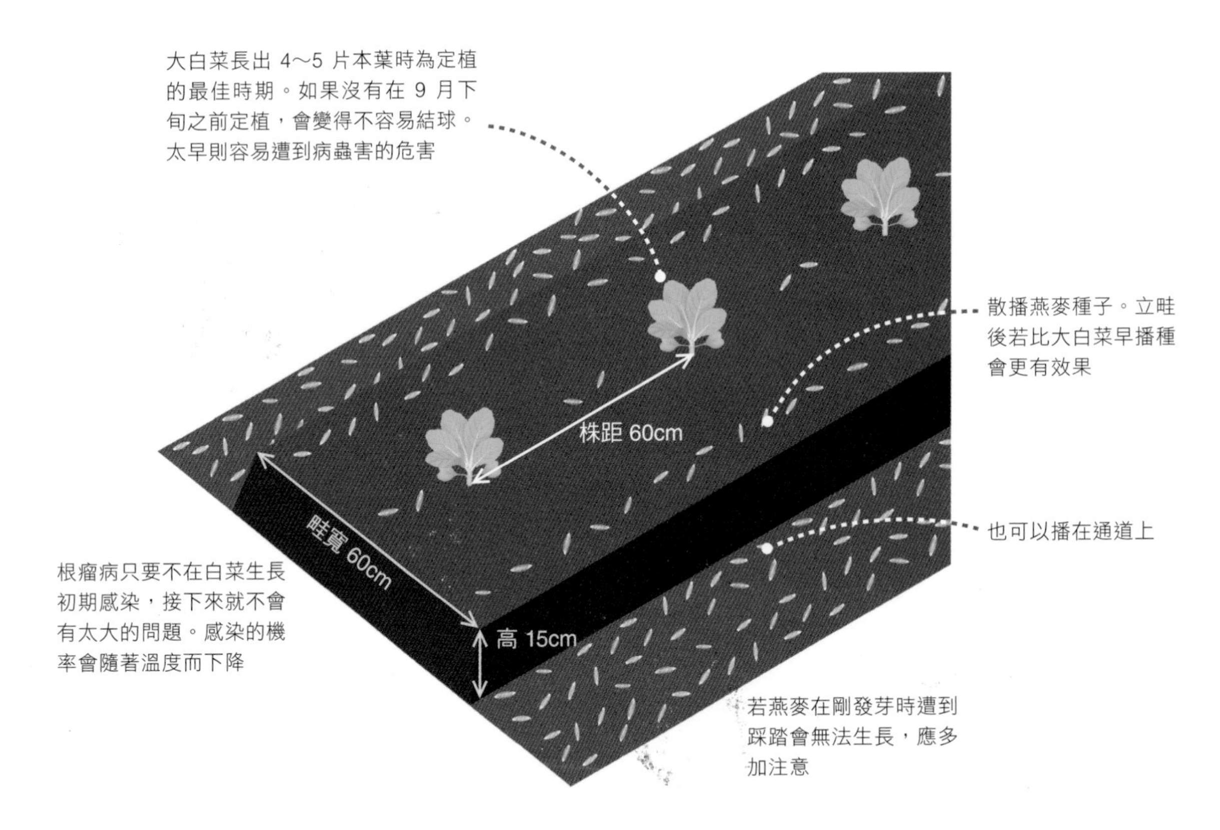
大白菜長出 4～5 片本葉時為定植的最佳時期。如果沒有在 9 月下旬之前定植，會變得不容易結球。太早則容易遭到病蟲害的危害
散播燕麥種子。立畦後若比大白菜早播種會更有效果
株距 60cm
畦寬 60cm
也可以播在通道上
根瘤病只要不在白菜生長初期感染，接下來就不會有太大的問題。感染的機率會隨著溫度而下降
高 15cm
若燕麥在剛發芽時遭到踩踏會無法生長，應多加注意

大白菜 X 金蓮花

迴避害蟲

金蓮花能增加益蟲 防止大白菜的害蟲

金蓮花（旱金蓮）為旱金連科的一年生草花，花及葉片帶有微微的辣味及酸味，也會當作可食用花卉利用。如果和十字花科的大白菜混植，能藉由香氣驅除蚜蟲。另外，金蓮花的葉片或莖部會附著葉蟎及薊馬，同時會引來捕食這些害蟲的益蟲，所以能當作天敵溫存植物（banker plants）來利用。

金蓮花不耐高溫多濕的夏天，所以若要用來和秋季栽培的大白菜混植時，應栽培於能避開西曬的場所渡過夏天，或是在 8 月下旬～9 月上旬播種育苗。以每 3～4 株白菜栽種 1 株金蓮花的比例於畦田間混植。

應用：金蓮花除了能和高麗菜、青花菜、青江菜、小松菜、蕪菁等十字花科蔬菜混植外，也可以和茄子、青椒等茄科，以及萵苣等菊科作物混植。

栽培程序

【挑選品種】大白菜不需要特別挑選品種。金蓮花除了能購買園藝用的花苗外，也有販售種子。

【整土】於定植前 3 週混入成熟堆肥及伯卡西肥，充分耕耘並立畦。

【播種、定植】大白菜可於 8 月下旬播種於黑軟盆中育苗。苗的定植為 9 月中旬～下旬。金蓮花如果從種子開始栽培時，可於 8 月下旬～9 月上旬播種。長出 3～4 片本葉即可定植。

【追肥】參閱 p.52。

【採收】白菜可參閱 p.52。金蓮花的花或葉片可以根據必要時摘下少許，拌入沙拉享用。種子也能加工成醋漬食品。

重點

金蓮花會匍匐而且往橫向擴展，不過只要沒有覆蓋到大白菜的葉片，就算放任生長也沒關係。到了秋末會開始枯萎，白菜開始結球時幾乎完全枯萎。掉落的種子偶爾到了隔年春天會再冒出新芽。

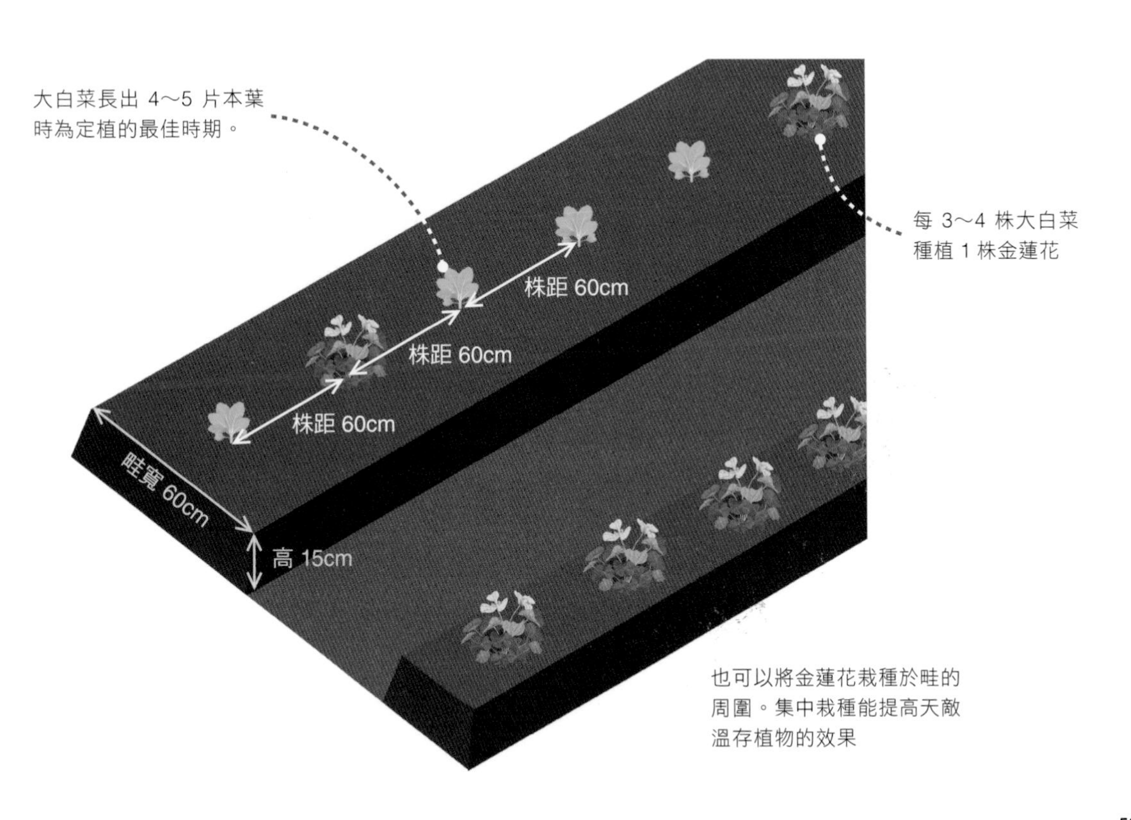

大白菜長出 4～5 片本葉時為定植的最佳時期。
每 3～4 株大白菜種植 1 株金蓮花
株距 60cm
株距 60cm
株距 60cm
畦寬 60cm
高 15cm
也可以將金蓮花栽種於畦的周圍。集中栽種能提高天敵溫存植物的效果

小松菜 × 葉萵苣

迴避害蟲

驅除菜青蟲以及蚜蟲

小松菜和葉萵苣的栽培期間都比較短，而且可以在同一個畦內栽培。小松菜為十字花科，容易吸引紋白蝶、小菜蛾的幼蟲（菜青蟲）或是蚜蟲等害蟲前來，若在附近混植菊科的葉萵苣，就能帶來害蟲的迴避效果。反之附著在葉萵苣的蚜蟲，則由小松菜來幫忙驅除。

另外，小松菜若替換為青江菜、蕪菁、水菜等十字花科的葉菜類，也能出現同樣的效果。雖然春及秋季經常會將這些十字花科蔬菜集中栽培於一處，不過建議能在行間搭配葉萵苣等其他科的葉菜類混植栽培。

應用：葉萵苣可以用同樣是菊科的茼蒿代替。

栽培程序

【挑選品種】小松菜不需要特別挑選品種。葉萵苣可混合紅色的火焰生菜一起栽種，能提高驅除害蟲的效果。

【整土】於播種前 3 週混入成熟堆肥及伯卡西肥，充分耕耘並立畦。

【播種】小松菜可直播於田間。春季應於 4 月上旬～5 月下旬前，秋季則應於 8 月下旬～10 月上旬前播種。葉萵苣不論是直播或是事先育苗都可以。避開 7 月中旬～8 月中旬，在 3 月下旬～10 月上旬之間都可以播種。

【間拔】小松菜長出 1～2 片本葉時，可間拔至株距 3～4cm。當苗高長到 7～8cm 時間拔至株距 5～7cm。葉萵苣直播於田間時，應隨時間拔避免和旁邊植株的葉片重疊，最後間拔至株距 15cm。兩者的間拔苗都可以食用。

【追肥】如果因為土壤貧瘠而使小松菜的葉片變黃時，可於條溝或是畦的左右兩側施放少量的伯卡西肥，再和土壤攪拌。

【採收】小松菜的栽培期間為 40～60 天左右。植株長大後即可採收。葉萵苣可以從外側葉片開始摘採，或是將整顆切下來採收也可以。

重點

由於害蟲的危害多發生於氣溫較高的時期，因此於秋季栽培時事先定植葉萵苣的苗使其生長，就能提高防治害蟲的效果。

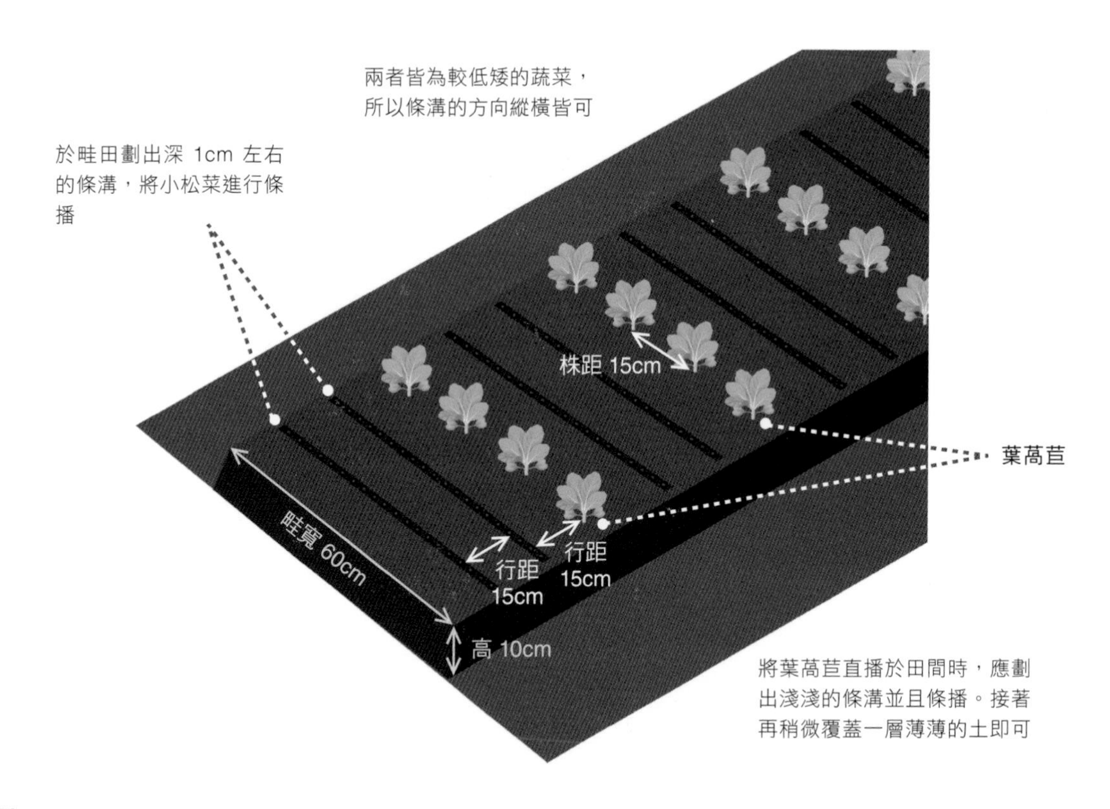
兩者皆為較低矮的蔬菜，所以條溝的方向縱橫皆可
於畦田劃出深 1cm 左右的條溝，將小松菜進行條播
株距 15cm
葉萵苣
畦寬 60cm
行距 15cm
行距 15cm
高 10cm
將葉萵苣直播於田間時，應劃出淺淺的條溝並且條播。接著再稍微覆蓋一層薄薄的土即可

小松菜 X 韭菜

預防疾病

迴避害蟲

守護小松菜避免遭到甘藍金花蟲的危害

秋播的小松菜葉片有時候會因為食害而出現一些蛀孔，嚴重時甚至會呈現出纖維狀。仔細在葉片上找看看，若發現 4mm 大小的黑色甲蟲，很有可能就是甘藍金花蟲所造成。若想要加以驅除，手一靠近就會從葉片滾落而逃走。不只是小松菜，甘藍金花蟲可說是十字花科蔬菜共通的惱人害蟲。

甘藍金花蟲非常不喜歡韭菜的氣味。因此可將小松菜和韭菜混植或是栽種於附近。秘訣在於當韭菜伸長後應頻繁修剪。剪下韭菜後的傷口會分泌出液體，甘藍金花蟲尤其厭惡這種味道。將修剪下來的韭菜葉片鋪在畦田上也很有效果。

應用：和韭菜的混植對於高麗菜、青花菜、大白菜、青江菜、水菜、蕪菁、白蘿蔔等十字花科的蔬菜都有效果。

栽培程序

【挑選品種】小松菜和韭菜都不需要特別挑選品種。

【整土】於定植前 3 週混入成熟堆肥及伯卡西肥，充分耕耘並立畦。

【播種】小松菜可直播於田間。應於 8 月下旬～10 月上旬前播種。韭菜可購買市面上的苗，或是於 3 月下旬播種，6 月定植栽培。可將每 3 株韭菜於一處定植，就能促進生長。

【追肥】參閱 p.54。

【採收】小松菜參閱 p.54。韭菜伸長後可從距離基部 3cm 的位置修剪採收。

重點

甘藍金花蟲主要是秋天的害蟲。當小松菜發芽時，可將韭菜距離植株基部 3cm 的位置剪下，鋪在小松菜的行間。生長初期不只是能防止害蟲，韭菜也能藉由修剪掉夏季偏硬的葉片，促進長出柔軟而香氣強烈的韭菜。

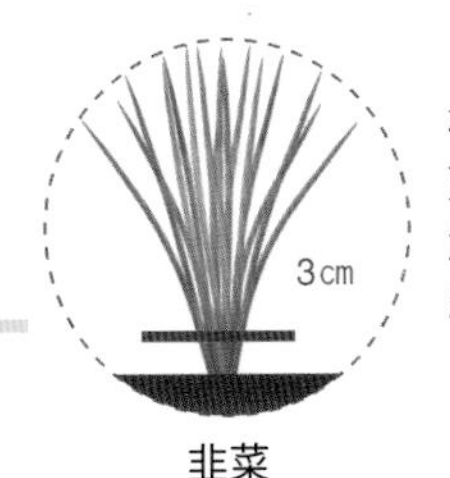
3cm

植株長高後可進行修剪。修剪後分泌出的液體所含有的成分能驅趕害蟲

韭菜

小松菜使用條播

韭菜可代替 p.54 的葉萵苣定植，或是有如下圖般栽種於通道等小松菜畦田附近。兩種方式都可以將修剪下來的韭菜葉片鋪在小松菜田的行間

行距 15cm

畦寬 70cm

高 10cm

株距 10cm

畦寬 40cm

高 10cm

將 3 株韭菜集中定植於同一處，能互相促進生長

和紅藜、白藜的草生栽培

小松菜、青江菜、水菜等蔬菜，可以和春至秋季自生於田間的紅藜或白藜一起栽種，能藉此促進生長。紅藜、白藜是和菠菜同一科的植物，因此能幫助防治十字花科作物的害蟲。同時還能覆蓋地面，代替覆蓋物達到保濕及防治雜草的作用。不過若放任紅藜或白藜生長，會讓植株高度過高。如果遮擋到菠菜的陽光時應進行修剪。由於紅藜、白藜屬於一年生草本，因此到了秋末便會枯萎。

菠菜 X 青蔥

促進生長　預防疾病

栽培出健康的菠菜，同時能提升風味

萎凋病是常見於菠菜、會讓植株枯萎的棘手土壤病害。而青蔥根部附著的微生物會分泌抗菌物質，能抑制引起菠菜萎凋病的鐮孢菌。

另外，青蔥屬於單子葉植物，偏好吸收有機物分解而來的銨態氮。另一方面，菠菜屬於雙子葉植物，偏好吸收由銨態氮變化而來的硝酸態氮。

菠菜有時候會出現苦味並且殘留澀味，就是因為硝酸態氮吸收過量造成。和青蔥混植能吸收過剩的養分，呈現出清爽順口的美味。

應用：青蔥也可用冬蔥或是細香蔥代替。若將大蔥和菠菜混植，會變得難以進行覆土作業。

栽培程序

【**挑選品種**】菠菜如果是春播時，應選擇不容易抽花苔的品種。青蔥一般都是使用「九條蔥」。

【**整土**】於播種、定植前 3 週混入成熟堆肥及伯卡西肥，充分耕耘並立畦。

【**播種、定植**】菠菜的播種除了炎夏以外，從春至秋季都能播種。播種方式為條播。播種的同時定植青蔥。青蔥的播種適期為 3 月和 9 月。育苗需要 30 天以上的時間。

【**間拔、追肥**】當菠菜長出 1 片本葉後，間拔至株距 3～4cm，植株高度達 5～6cm 時間拔至株距 6～8cm。第二次間拔時可於菠菜、青蔥的行間施放伯卡西肥。

【**採收**】當菠菜生長至高度 25cm 左右即可採收。青蔥可保留距離基部 3cm 其餘修剪採收，就能繼續長出葉片。

重點

菠菜在 pH 值 6 以下的酸性土壤生長不易。若有必要的話可以施放石灰（貝類石灰或是苦土石灰）調整，使酸鹼度接近中性（pH7）。青蔥在同樣的環境也能生長良好。

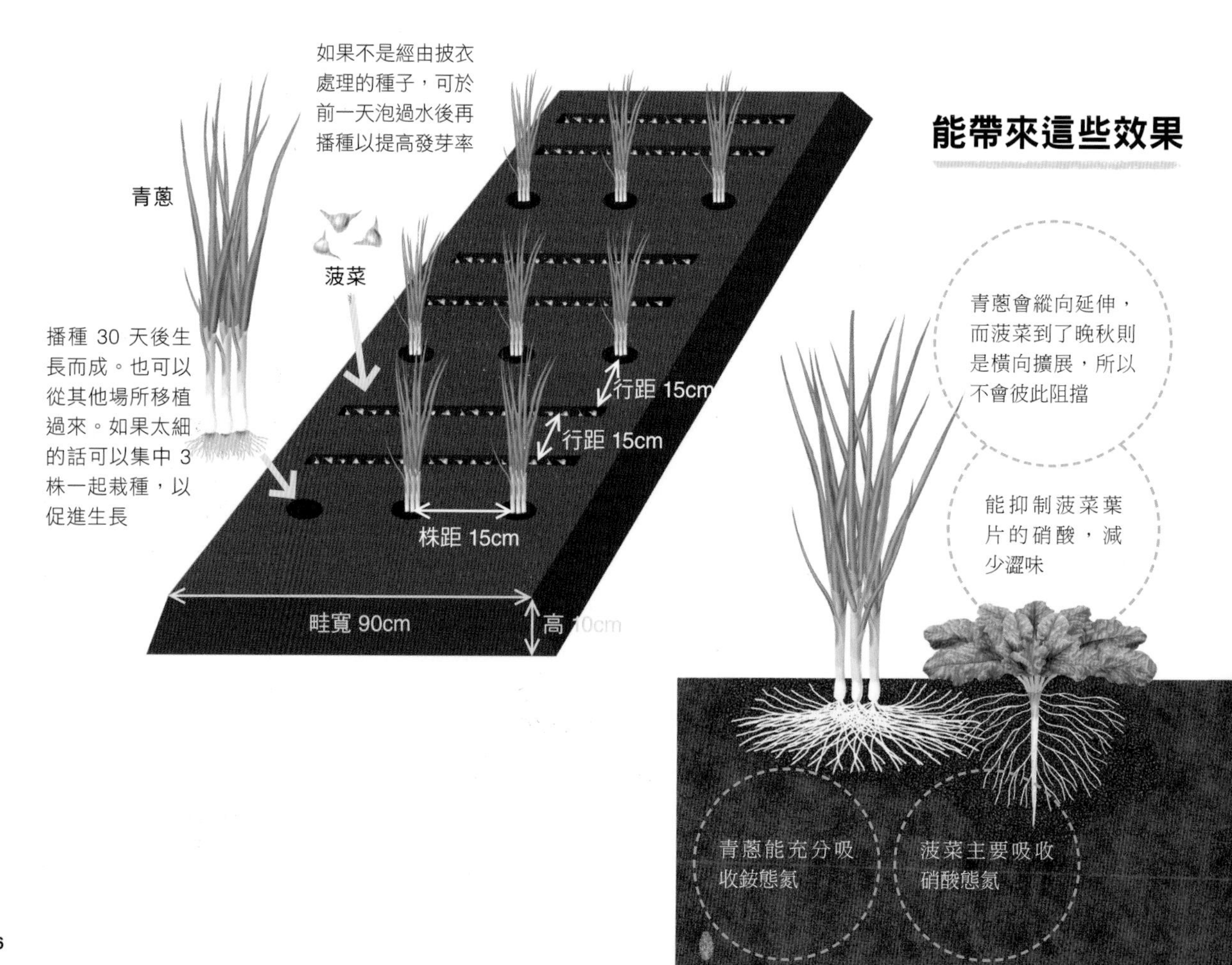

如果不是經由披衣處理的種子，可於前一天泡過水後再播種以提高發芽率
青蔥
菠菜
播種 30 天後生長而成。也可以從其他場所移植過來。如果太細的話可以集中 3 株一起栽種，以促進生長
行距 15cm
行距 15cm
株距 15cm
畦寬 90cm
高 10cm
能帶來這些效果
青蔥會縱向延伸，而菠菜到了晚秋則是橫向擴展，所以不會彼此阻擋
能抑制菠菜葉片的硝酸，減少澀味
青蔥能充分吸收銨態氮
菠菜主要吸收硝酸態氮

菠菜 X 牛蒡

活用空間

促進生長

和直根類型的蔬菜搭配栽種 能讓根系往深處伸展

牛蒡接近採收期時莖部會伸長，葉片也會變大，因此栽培時意外地需要寬敞的面積。趁牛蒡植株還小時，在同一個畦田內和菠菜一起栽培並採收。牛蒡可分成 4 月中旬～5 月上旬播種，秋天採收的秋收牛蒡，以及在 9 月中旬～10 月上旬播種，於春天採收的春收牛蒡。和菠菜的混植適用於春收牛蒡。

牛蒡屬於根系往地下深處筆直伸長的直根性，於栽培前應往下挖掘 60～70cm 的深度並且充分耕耘。菠菜也是主根往深處發展的直根性，所以在深耕的田地能伸展根部，促進生長良好。

栽培程序

【挑選品種】菠菜和牛蒡都不需要特別挑選品種。

【整土】若牛蒡為長根品種時，應於播種前 3 週將土壤挖掘出 60～70cm 深度，使土壤柔軟。接著再將土埋回原處立畦。不需要特別施放成熟堆肥及伯卡西肥。

【播種】春收牛蒡可於 9 月上旬～10 月上旬進行。菠菜請參閱 p.56。在牛蒡播種的前一天，可將種子浸泡於水中一整天使其吸水。於每處播 5～6 顆種子，再蓋上一層薄薄的土壤。

【間拔、追肥】菠菜的間拔可參閱 p.56。牛蒡長出 1 片本葉後間拔至 2 株，長出 2 片本葉後間拔至 1 株。追肥應在第二次追肥時，於菠菜周圍施放伯卡西肥。

【採收】菠菜可參閱 p.56。牛蒡的採收期為隔年的 6 月中旬～8 月上旬。

重點

沙拉牛蒡（短根品種）的話如果在 8 月下旬播種，就能在當年內採收。這時候可以和菠菜一起或是晚一點播種。

往下挖掘 60～70cm 深度。
栽種沙拉牛蒡時只要挖出 30cm 程度即可

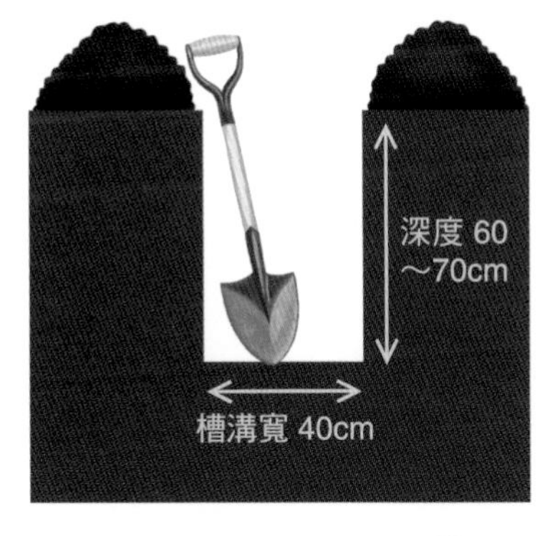
深度 60
～70cm
槽溝寬 40cm

埋回 2/3 左右的土壤後，先踩踏夯實就能避免畦田往下陷

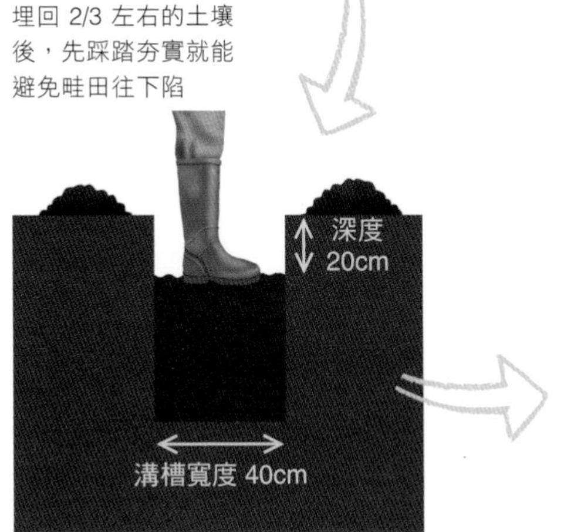
深度
20cm
溝槽寬度 40cm

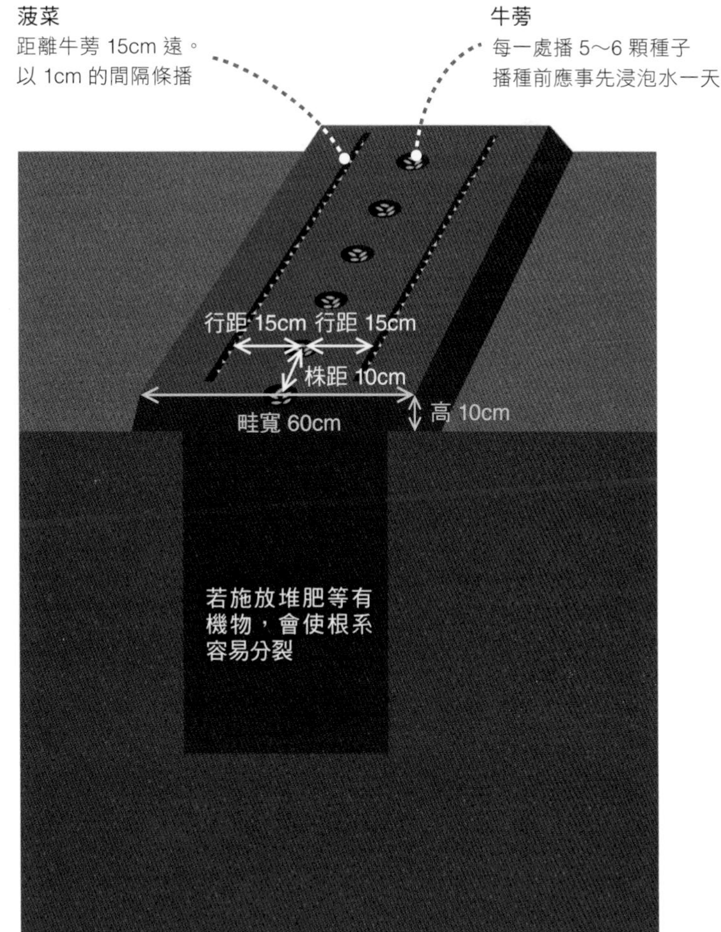
菠菜
距離牛蒡 15cm 遠。
以 1cm 的間隔條播
牛蒡
每一處播 5～6 顆種子
播種前應事先浸泡水一天
行距 15cm 行距 15cm
株距 10cm
畦寬 60cm
高 10cm
若施放堆肥等有
機物，會使根系
容易分裂

茼蒿 X 青江菜

迴避害蟲

藉由茼蒿的香氣
迴避青江菜的害蟲

和高麗菜及火焰生菜（p.48）一樣，為十字花科及菊科蔬菜的組合。在青江菜附近混植茼蒿，能防止被青江菜吸引而來的紋白蝶及小菜蛾，避免產卵，進而防止幼蟲的食害。另外，由於兩者的科別不同，所以彼此的蚜蟲也能互相迴避。

由於兩種蔬菜所偏好的養分也不一樣，因此可以互相利用多餘的養分，也能避免肥料過剩產生澀味，提升風味。

東日本經常栽培的整株型茼蒿，從播種到開始採收需要約 40 天。秋季播種時若將前端摘心促進側芽生長，可持續採收 30～40 天。青江菜約 50～65 天可採收。青江菜的害蟲危害較嚴重，所以先栽種茼蒿會更有效果。

應用：青江菜也可替換為小松菜、水菜、蕪菁等。茼蒿可用葉萵苣代替。

栽培程序

【挑選品種】青江菜不需要特別挑選品種。茼蒿在西日本較常見的春菊（大葉茼蒿）會從基部剪下採收，因此無法延長栽培期間。東日本常見的整株型茼蒿，若在秋天播種並在栽培時進行摘心的話，就能延長採收期。

【整土】於播種前 3 週混入成熟堆肥及伯卡西肥，充分耕耘並立畦。

【播種、定植】茼蒿為條播。由於發芽率較差，因此播種時可以密集一點。秋播時青江菜應在茼蒿第一次間拔時播種。春播時青江菜可和茼蒿一起播種。

【間拔、追肥】當茼蒿長出 2～3 片本葉後，間拔至株距 5～6cm，長出 7～8 片時間拔至株距 12cm。青江菜長出 1～2 片本葉後間拔至 2 株，長出 4～5 片後間拔至 1 株。兩者都在第 2 次間拔後施放伯卡西肥。

【採收】秋播時，當茼蒿長出 10 片左右的本葉時，可將莖的前端摘心採收。保留下方葉片 5 片左右。之後會長出側芽，因此可隨時採收。青江菜基部膨大呈現圓形，葉片變厚時即可採收。

重點

春播的茼蒿容易抽花苔，因此不需要摘心，直接從植株基部切下採收。春播時由於生長初期的害蟲危害較少，所以可以將茼蒿和青江菜一起播種。若先栽培茼蒿，採收期會變成在青江菜的害蟲大量出現之前。

秋季播種時

青江菜可在茼蒿第一次間拔時播種

茼蒿

株距 15cm

株距 10cm

畦寬 60cm

高 10cm

青江菜每一處播 3 顆。覆蓋 1cm 左右的土壤，並且確實鎮壓

能帶來這些效果

紋白蝶或小菜蛾不會在青江菜上產卵
十字花科和菊科所使用的養分各異，幾乎不會引起競爭

茼蒿 X 羅勒

迴避害蟲

於多處栽種羅勒
藉由香氣防治害蟲

藉由羅勒獨特的香氣，來驅除會附著於茼蒿上的蚜蟲、潛蠅等害蟲。兩種植物的害蟲都好發於 6～9 月，不過羅勒較耐炎熱，而且繁殖旺盛，因此能守護茼蒿避免受到害蟲的危害。另外，羅勒香氣成分中的芳樟醇（linalool）也具有殺菌作用。

栽培時應注意避免在茼蒿旁栽種大量的羅勒。尤其是從初夏至炎夏，羅勒的植株高度會逐漸增加，反而會阻礙到茼蒿的生長。羅勒的香氣效果範圍非常廣，於 50cm 以上的位置栽種就能帶來十分的效果。

栽培程序

【挑選品種】茼蒿不需要特別挑選品種。羅勒可以選擇容易購買及栽培的「甜羅勒」品種。

【整土】於播種前 3 週混入成熟堆肥及伯卡西肥，充分耕耘並立畦。

【播種、定植】茼蒿為條播。秋季可於 9 月上旬～10 月下旬，春季可於 3 月下旬～5 月中旬播種，不過這種組合建議使用秋播。茼蒿的播種可以和羅勒的定植同時進行。羅勒如果要從種子栽培的話，可於 3 月上旬播種。這個時期和番茄及茄子的播種一樣都需要加溫。於秋季利用時，可將夏天的莖部前端剪下扦插，增加植株數量。

【間拔、追肥】參閱 p.58。

【採收】參閱 p.58。羅勒可隨時摘取前端利用。

重點

羅勒隨時摘取前端利用。可促進側芽生長，使香氣更加強烈，提高防蟲效果。

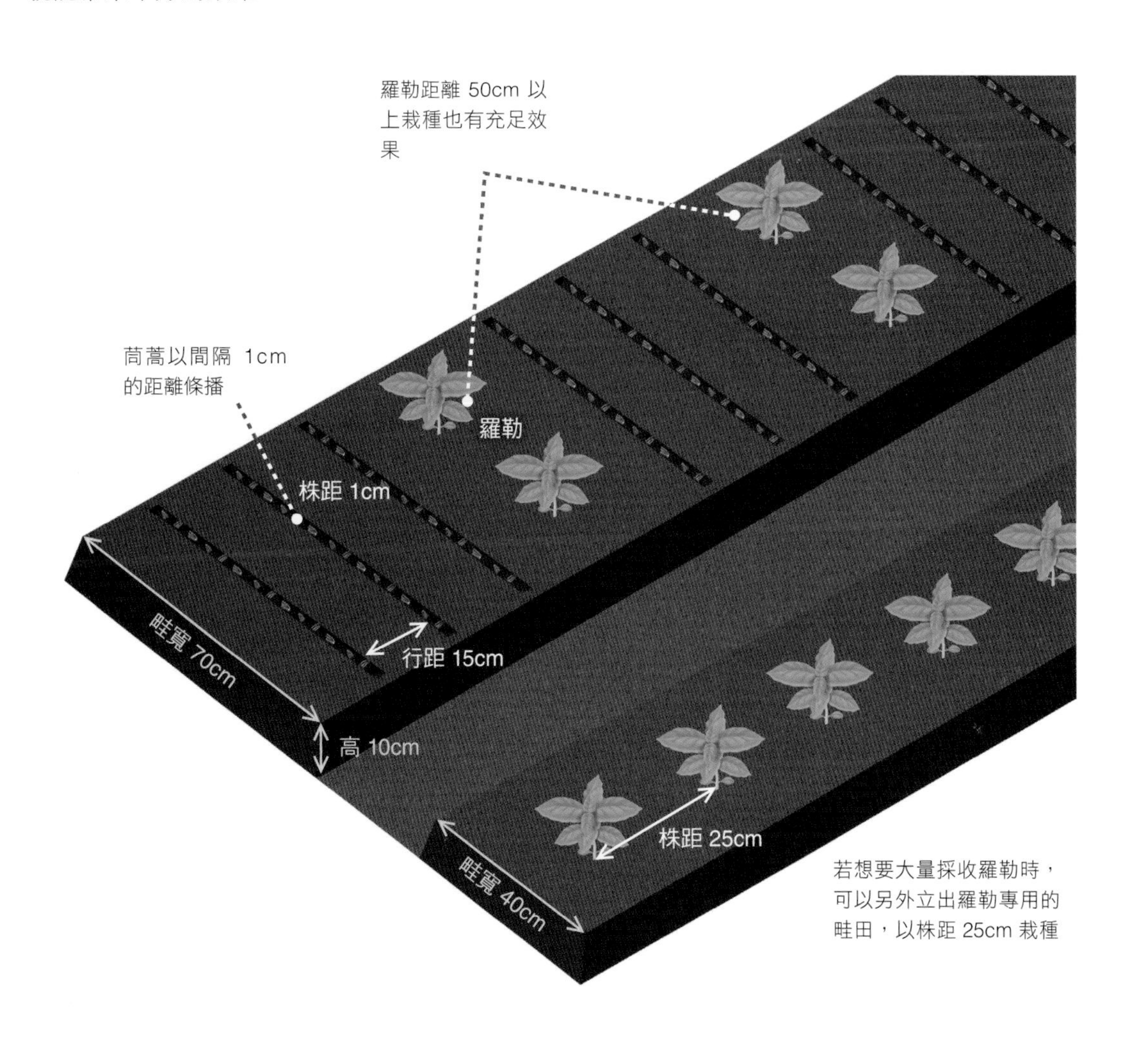
羅勒距離 50cm 以上栽種也有充足效果
茼蒿以間隔 1cm 的距離條播
羅勒
株距 1cm
畦寬 70cm
行距 15cm
高 10cm
株距 25cm
畦寬 40cm
若想要大量採收羅勒時，可以另外立出羅勒專用的畦田，以株距 25cm 栽種

葉菜類的混合栽培

迴避害蟲

預防疾病

促進生長

將不同科別的蔬菜並排栽種 藉由加乘效果強力防除害蟲

若能少量採收各式各樣的葉菜類將會非常理想。活用共生栽培植物的智慧，試著培育多種類蔬菜的混合栽培吧。

受歡迎的葉菜類像是小松菜、青江菜、水菜、漬菜、芥菜都是屬於十字花科。加上小型根菜類的小蕪菁、櫻桃蘿蔔等，十字花科蔬菜佔了田間很大的部分。若將這些蔬菜並排栽種，喜好十字花科蔬菜的蚜蟲、葉蟎，以及紋白蝶、小菜蛾和蕪菁葉蜂的幼蟲等害蟲就會大量出現。

因此將菊科的茼蒿、萵苣、苦苣、葉萵苣等，藜科（在其他分類為莧科）的菠菜、莙薘菜（葉用甜菜）等，以及百合科（在其他分類為石蒜科）蔥屬的青蔥等，將不同科別的葉菜類並列配置。大部分害蟲都有固定偏好的蔬菜，不太會靠近其他科的蔬菜，因此能大幅減輕害蟲的危害情況。

栽培程序

【挑選品種】葉菜類的播種時期為 3 月下旬～5 月中旬，以及 9 月上旬～10 月中旬。稍微錯開一些時期播種就能長期採收。春季栽培時應選擇不容易抽花苔的春播專用品種。

【整土】於播種前 3 週混入成熟堆肥及伯卡西肥，充分耕耘並立畦。

【追肥】基本上不需要施加追肥。菠菜、小松菜等也可以施放油粕。

【間拔】可參考每種蔬菜的間拔方式。間拔後的苗也能食用。

【採收】長大後即可陸續採收。

櫻桃蘿蔔
（十字花科）

喜愛偏酸性的土壤。栽培於外側那排，不僅容易確認根部是否肥大，也很方便採收。秘訣在於根據栽培日數適時採收。

- 以 1cm 的間隔播種
- 30～40 天即可採收

葉萵苣
（菊科）

喜愛偏酸性的土壤。不論是直播於田間或是定植幼苗皆可。和紅色的火焰生菜混植能提高喜愛十字花科的紋白蝶或小菜蛾的驅除效果。

- 直播於田間時以 1cm 的間隔播種，再覆蓋薄薄一層土。用幼苗栽種時應以 15～20cm 的間隔定植。
- 蔬菜成長後可隨時從外側葉片採收

行距 12～15cm
株距 15～20cm

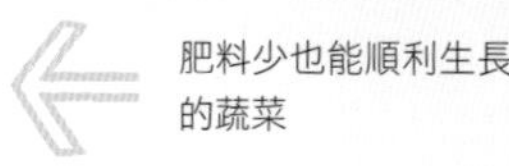
肥料少也能順利生長的蔬菜

青江菜
（十字花科）

比起櫻桃蘿蔔或是葉萵苣，比較偏中性的微酸性土壤。

●以 2cm 的間隔播種。間拔 2 次至株距 15cm。也可以使用點播方式。

●50～60 天即可採收

茼蒿
（菊科）

偏好微酸性的土壤。春天建議栽培從基部切除採收的大葉片品種，秋天則建議栽培適合煮火鍋的整株型品種。具有抑制十字花科病害---根瘤病發生的效果。

●以 1cm 的間隔播種。間拔 2 次至株距 12cm。

●40～50 天即可採收。秋季若摘心能延長採收期間

小松菜
（十字花科）

偏好微酸性～中性土壤。具有防止菠菜立枯病的效果。

●以 1cm 的間隔播種。間拔 2 次至株距 5～6cm。

●從充分生長的植株開始採收

菠菜
（藜亞科）

偏好中性土壤。若於酸性土壤栽培容易出現立枯病，因此在整土時可撒牡蠣殼石灰等改善

●以 5～10mm 的間隔播種。間拔 2 次至株距 5～6cm

●春播容易抽花苔，因此長出 7 片本葉後即可採收

青蔥
（蔥屬）

偏好微酸性～中性土壤。可以用細香蔥代替。也可以於 3 月上旬播種於黑軟盆中育苗。特別適合和菠菜一起栽種。

●將每 2～3 根蔥合成一把，以株距 20～30cm 栽種。

●定植後約 30 天可採收

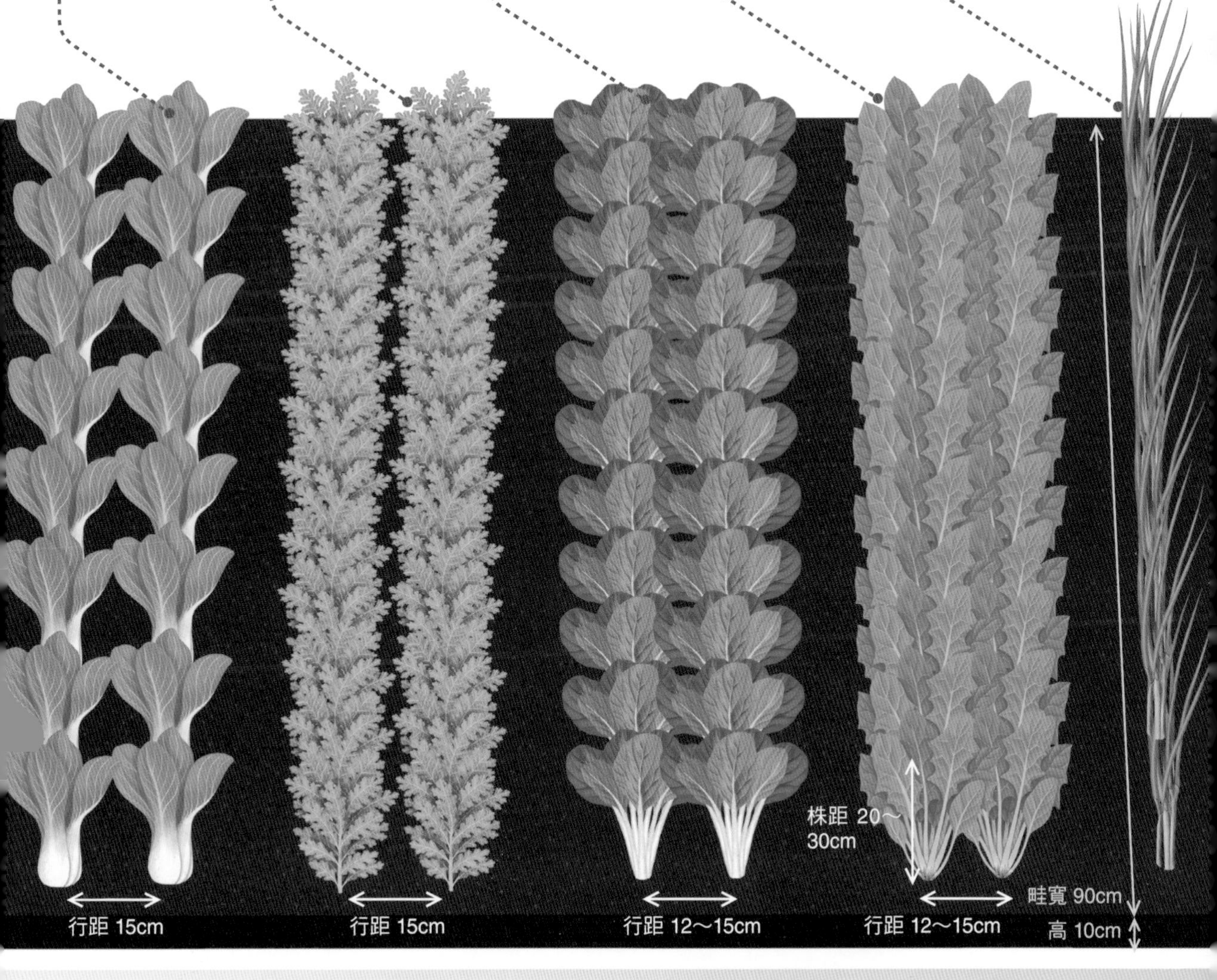

行距 15cm
行距 15cm
行距 12～15cm
株距 20～30cm
行距 12～15cm
畦寬 90cm
高 10cm

比較喜好肥料的蔬菜。肥料會隨著水流移動，因此若田間有傾斜部分時，可降低次部分的高度。

結球萵苣 X 青花菜

活用空間

迴避害蟲

促進生長

藉由青花菜防寒
從早春開始栽培

將結球萵苣栽種於青花菜的遮陰處，就能錯開栽培時期。結球萵苣的幼苗相較之下較耐寒，可於早春的 3 月上旬開始於田間栽培。訣竅就在於要將幼苗定植在春收青花菜的遮陰處。能比平常早 2～3 週開始栽培，並於 5 月中旬就能採收。

另外，晚秋的 10 月上旬之後定植結球萵苣，結球時會因為遭到強烈霜害而容易受傷，這時候也可以將冬收的青花菜用來防霜害。菊科的結球萵苣和十字花科的青花菜由於科別不同，因此也具有互相迴避（驅除）害蟲的效果。

應用：青花菜也可以用高麗菜或是花椰菜等代替。

栽培程序

【**挑選品種**】結球萵苣選擇耐寒品種較安心。青花菜也有 3 月下旬～4 月中旬的早春採收品種。可根據栽培時期區分使用。

【**整土**】於青花菜定植前 3 週混入成熟堆肥及伯卡西肥，充分耕耘並立畦。

【**定植**】於 10 月定植青花菜。3 月上旬～中旬在青花菜的株間或行間栽種結球萵苣的苗。結球萵苣的苗可於 2 月中旬播種於黑軟盆中，加溫栽培。

【**追肥、覆土**】在定植結球萵苣時，於青花菜植株基部施放 1 把伯卡西肥。同時進行覆土。

【**採收**】按壓結球萵苣的頂部呈現結實感時，即可從基部採收。早晨採收比較水嫩美味。青花菜的花蕾長大後即可採收。

重點

青花菜若能確實進行覆土作業，結球萵苣栽種於行間時就能呈現於溝槽種植的狀態，可藉由日照保暖，促進幼苗生長。

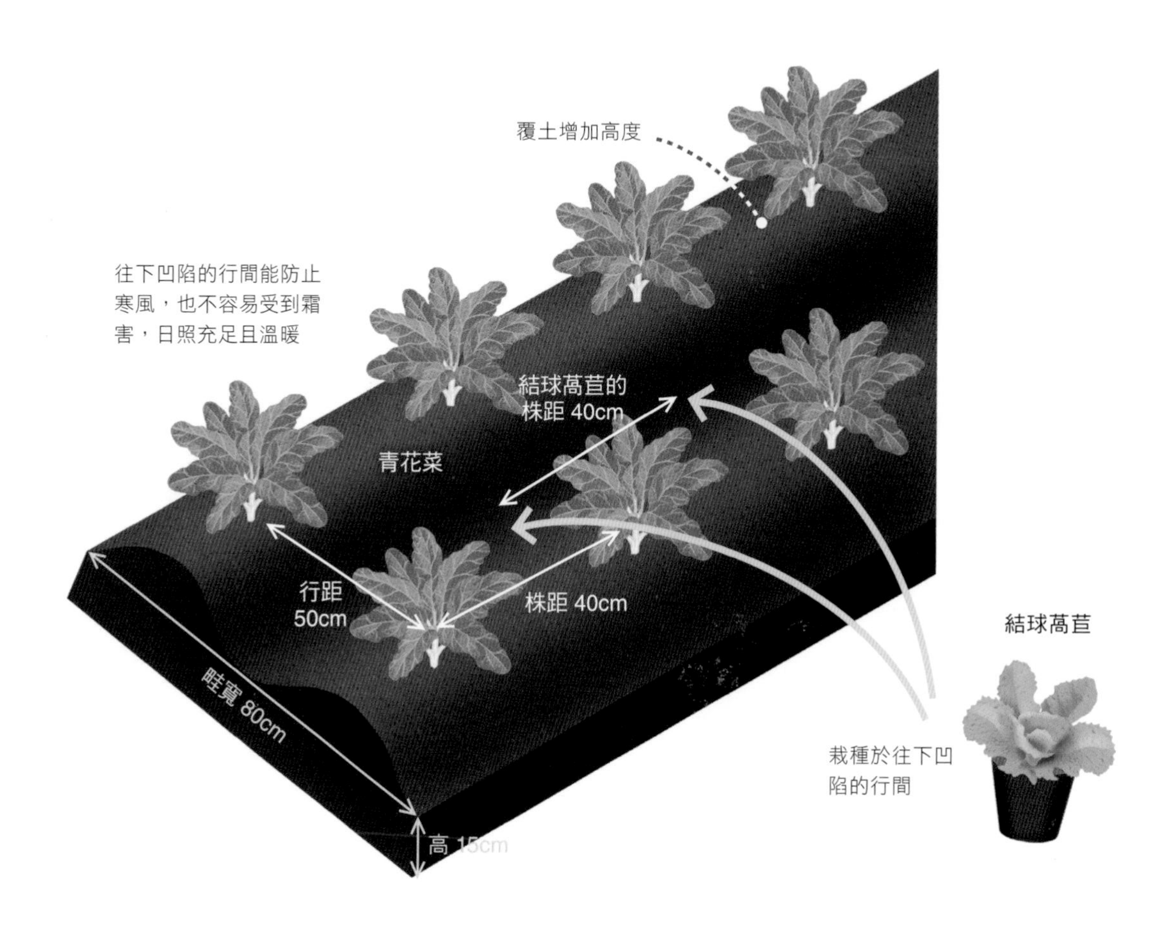
覆土增加高度
往下凹陷的行間能防止寒風，也不容易受到霜害，日照充足且溫暖
結球萵苣的株距 40cm
青花菜
行距 50cm
株距 40cm
畦寬 80cm
高 15cm
結球萵苣
栽種於往下凹陷的行間

韭菜 X 紅藜

促進生長

利用自然生長的野草栽培出柔軟的韭菜

保留田間自然生長的紅藜使其生長，栽培出葉片柔軟的韭菜。首先於 3 月中旬～下旬割除因為冬季寒冷而枯萎倒伏的韭菜葉片。雖然還是氣溫較低的時期，不過這時候若觸動土壤表面，就能促進紅藜同時發芽。

韭菜會用冬至春季於粗大根部蓄積的養分生長至 7 月，紅藜則會在這段期間將根部筆直往深處伸展，從深處將水分往上吸收，所以能讓韭菜更容易吸收水分。到了炎夏紅藜會覆蓋地面，代替覆蓋物達到土壤保濕的作用。從夏季至秋季之間，韭菜葉片不容易變硬而且生長良好，能長時間採收柔軟且美味的葉片。

應用：也可以用白藜代替。

栽培程序

【挑選品種】韭菜不需要特別挑選品種。

【整土】於定植前 3 週混入成熟堆肥及伯卡西肥，充分耕耘並立畦。事先施放石灰可促進生長。

【定植】6 月中旬為定植適期。於每一處集中定植 3 根苗。可用市售的苗，或是於 3 月下旬於肥沃的田間播種育苗。

【追肥】當韭菜葉片顏色變淡時，可於畦的左右兩側施放米糠或是尚未完全成熟的伯卡西肥。

【修剪】當韭菜葉片伸長後，於 10 月上旬～中旬從基部 2～3cm 的位置修剪葉片。便能長出柔軟且香氣強烈的韭菜。

【採收】當植株高度長至 20～30cm 時，可用和修剪相同的方式隨時採收。在 6～12 月中旬都能夠採收。重複採收 4～5 次後植株會疲勞，應休息 2 個月左右。

【分株】定植後 2 年（第 3 年），植株會分櫱而且變得較大株，可將整株挖起進行分株，再將每 3 根苗集中定植即可。

重點

若放任紅藜生長會讓草的高度伸長至將近 1m，因此當紅藜伸長至接近韭菜高度時，應進行修剪。修剪後的草可鋪在韭菜的畦田上當作草類覆蓋物。

能帶來這些效果

以株距 10cm 於每處集中栽種 3 根韭菜

修剪也用和採收同樣的方法，從植株基部 2～3cm 的位置剪下

代替覆蓋物

周圍由紅藜覆蓋，代替覆蓋物達到保濕作用

高 10cm

畦寬 40cm

幫助根系伸長

紅藜的根系能伸長至土壤深處，因此有助於韭菜根系伸長

洋蔥 X 蠶豆

促進生長

活用空間

預防疾病

迴避害蟲

栽培期間相同
因此可在同一畦田上栽培

洋蔥和蠶豆都是在 11 月定植，5～6 月採收的越冬型蔬菜。由於栽培期間幾乎相同，因此可以藉由使用相同的畦田栽培，有效活用空間。

洋蔥很適合和豆科植物一起栽培，在冬季根系能互相伸展，因此不容易形成霜柱，可減少寒冷造成的傷害。另外，洋蔥為蔥屬，於根部共生的菌類會釋放抗生物質，能避免蠶豆感染立枯病等病害。

隨著氣溫上升，蠶豆會出現蠶豆長鬚蚜或是黑豆蚜等害蟲，同時也會增加瓢蟲、蚜繭蜂、食蚜蠅等天敵，達到防治洋蔥害蟲的天敵溫存植物作用。當天氣繼續回暖，蠶豆根部附著的根瘤菌變得活躍，會開始固定氮素，使周圍的土壤肥沃。洋蔥會從變得肥沃的土壤當中吸收養分，使洋蔥莖部肥大。

應用：也能應用於和蠶豆栽培期間相近的豌豆。

栽培程序

【挑選品種】洋蔥和蠶豆都不需要特別挑選品種。

【播種、育苗】利用洋蔥田的其中一個角落播種育苗。播種時期為 9 月，不過可根據早生、晚生品種來調整時期。也可以利用市售的洋蔥苗。蠶豆於 10 月下旬～11 月上旬在黑軟盆中各播 1 顆種子育苗。

【整土】於定植前 3 週混入成熟堆肥及伯卡西肥，充分耕耘並立畦。

【定植】當洋蔥苗長至 15cm 高度時即可定植。一般而言株距為 15cm，不過也可以稍微拉近距離以 10cm 株距定植。蠶豆長出 2～3 片本葉時定植。

【追肥】洋蔥的追肥可於 12 月中旬～下旬施放 1 次，2 月下旬施放 1 次，可施放米糠或是伯卡西肥，並且和表面土壤混合。蠶豆不需要特別施放追肥。

【修剪】當韭菜葉片伸長後，可於 10 月上旬～中旬從基部 2～3cm 的位置修剪葉片。之後便能長出柔軟且香氣強烈的韭菜。

【採收】當 8 成左右的洋蔥都呈現倒伏後，即可將剩下的植株同時採收。蠶豆的豆莢往下垂，背部呈現少許黑色時即可採收。

重點

利用蠶豆的畦田，於蠶豆兩側栽培洋蔥也是一種簡單的方法。或是可於較寬的洋蔥田間栽培數株蠶豆。

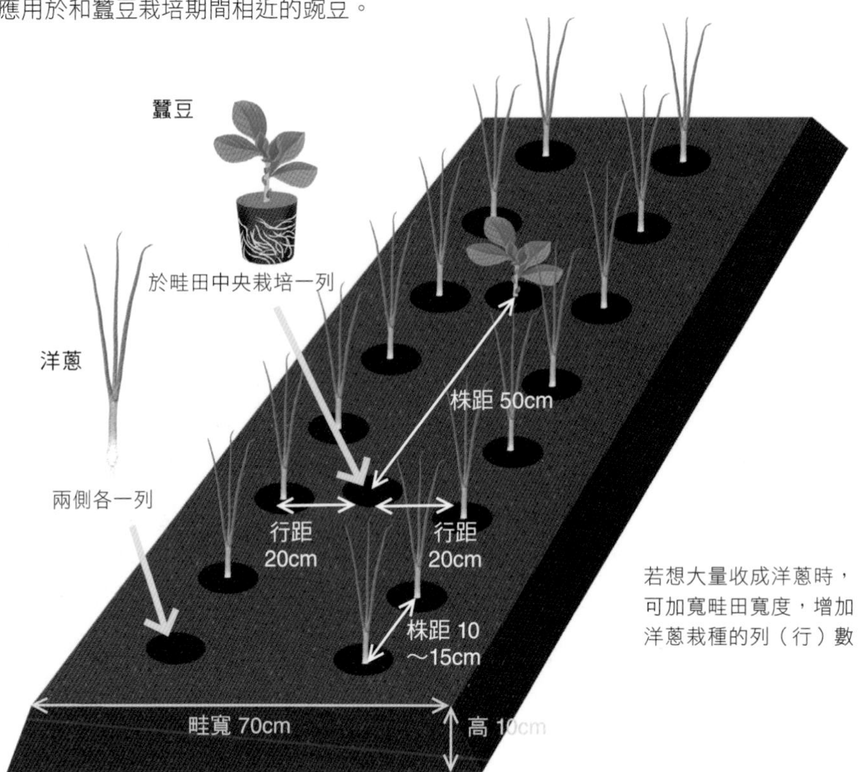
蠶豆
於畦田中央栽培一列
洋蔥
株距 50cm
兩側各一列
行距
20cm
行距
20cm
株距 10
～15cm
若想大量收成洋蔥時，
可加寬畦田寬度，增加
洋蔥栽種的列（行）數
畦寬 70cm
高 10cm

能帶來這些效果

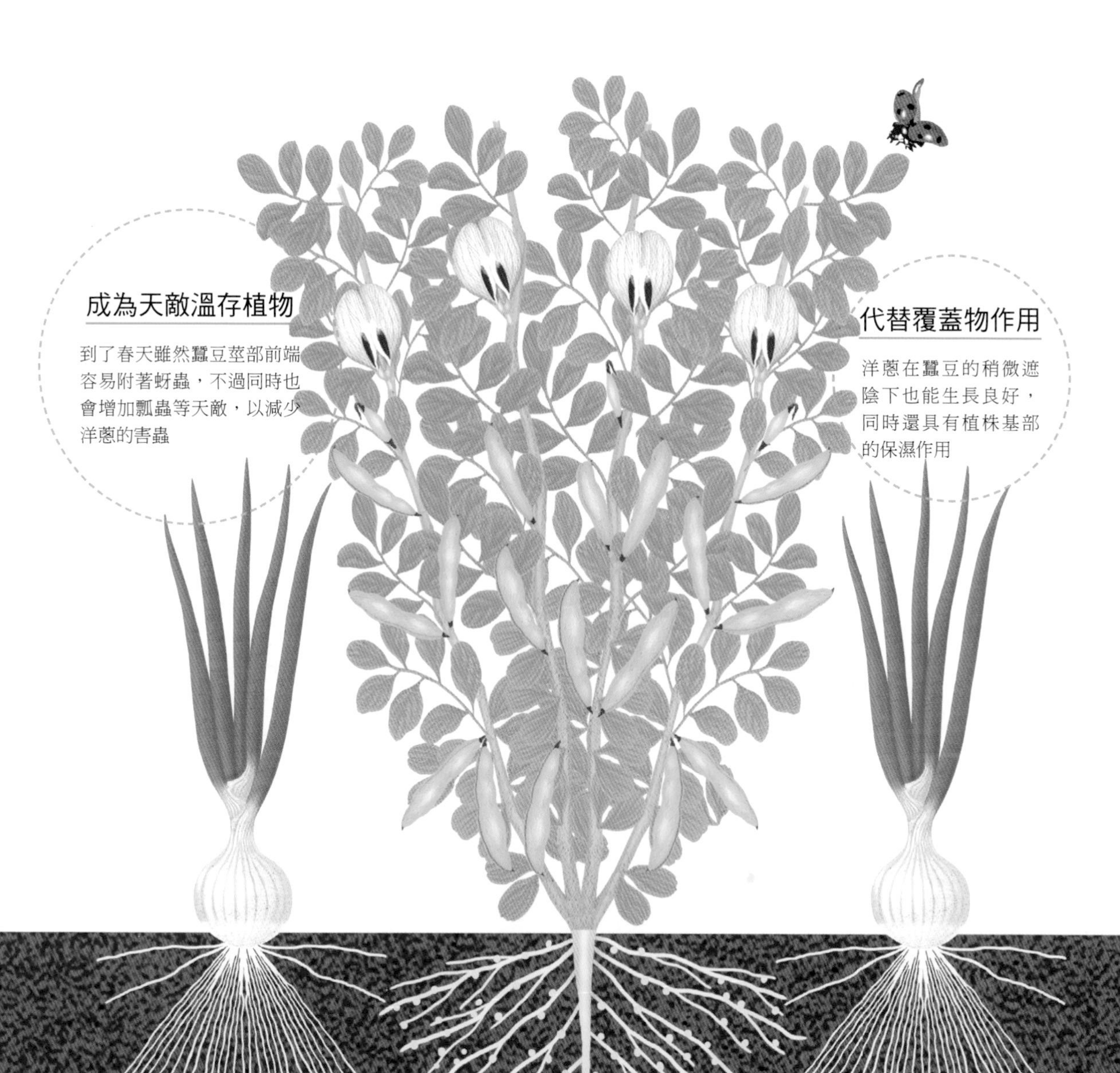
成為天敵溫存植物
到了春天雖然蠶豆莖部前端容易附著蚜蟲，不過同時也會增加瓢蟲等天敵，以減少洋蔥的害蟲
代替覆蓋物作用
洋蔥在蠶豆的稍微遮陰下也能生長良好，同時還具有植株基部的保濕作用

防治蠶豆的病害

附著於洋蔥根部的共生菌能防止蠶豆的立枯病

促進洋蔥生長

到的春天根系伸展，附著於新根系的根瘤菌變得活躍，促進土壤肥沃

洋蔥 X 絳車軸草

促進生長

迴避害蟲

和豆科綠肥混植 能培育出肥大的洋蔥

絳車軸草（絳紅花三葉草）為豆科的綠肥作物。會開出鮮紅色的花，因此在日本又被稱為「草莓蠟燭」。在洋蔥定植完之後，於周圍撒下絳車軸草的種子，大約一週後就會發芽，以像是覆蓋地面般的低矮植株狀態過冬，能預防洋蔥植株因為霜柱而往上浮起。

到了 3 月會急遽生長茂盛，可防止其他的雜草叢生。雖然柔軟的葉片會吸引蚜蟲前來，不過同時也會變成瓢蟲等益蟲的棲息場所。根部附著的根瘤菌能固定空氣中的氮氣，使土壤變得肥沃。而洋蔥可利用此養分，使莖部變得肥大。

栽培程序

【挑選品種】洋蔥不需要特別挑選品種。絳車軸草除了市售的綠肥品種外，也買得到草花用的種子。

【播種、育苗】利用洋蔥田的其中一個角落播種育苗。播種時期為 9 月，不過可根據早生、晚生品種來調整時期。也可以利用市售的洋蔥苗。

【整土】於定植前 3 週混入成熟堆肥及伯卡西肥，充分耕耘並立畦。

【定植、播種】在 11 月中旬～12 月上旬，當洋蔥苗於長至 15cm 高度時即可定植。雖然也會根據品種而異，不過太早定植有可能會是造成抽花苔的原因。於定植後將絳車軸草的種子散播於田間，稍微和土壤混合。

【追肥】絳車軸草能讓土壤肥沃，因此不需要施放追肥。若田間土壤過於貧瘠時，可參考 p.64 施放少量追肥。

【採收】參考 p.64。

重點

絳車軸草會於 4 月下旬開出鮮紅色的花，於 5 月結種子。自然掉落的種子有可能會雜草化，所以可在結種子前割除。割除的地上部由於養分豐富，可直接鋪在畦田上當作草肥。

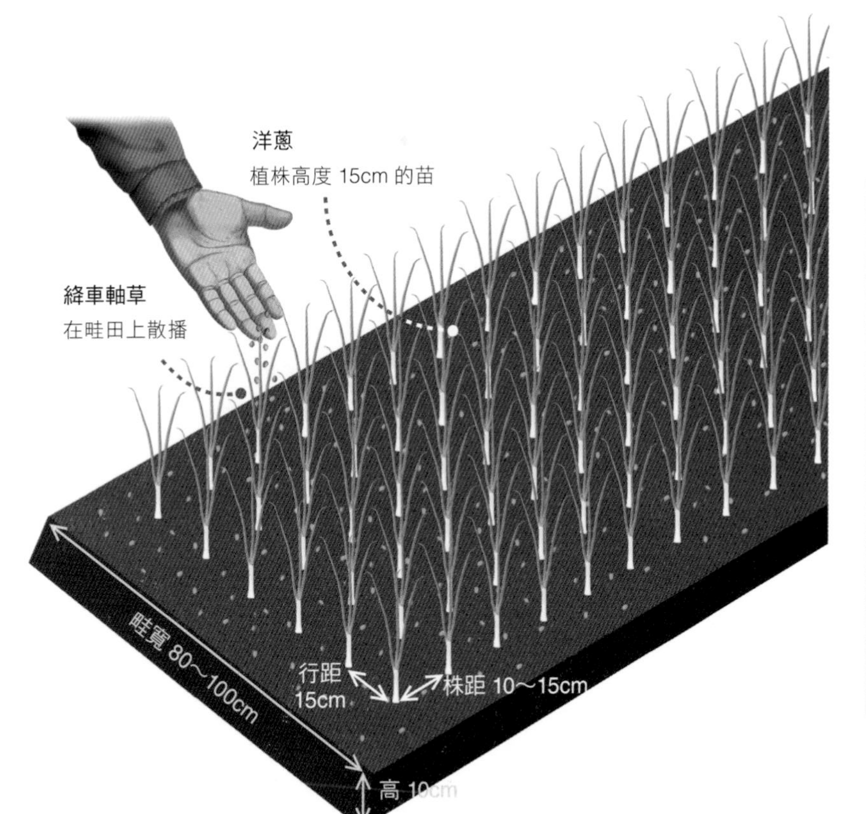
洋蔥
植株高度 15cm 的苗
絳車軸草
在畦田上散播
行距
15cm
株距 10～15cm
畦寬 80～100cm
高 10cm

還能當作天敵溫存植物

絳車軸草會在 4 月上旬～中旬同時抽出花莖，若將花莖修剪就能避免植株老化，維持在不枯萎的狀態栽培至夏天，當整體茁壯生長後，就能成為天敵的棲息場所，當作天敵溫存植物活用。照片中是將絳車軸草當作番茄的天敵溫存植物栽培實例。

洋蔥 X 洋甘菊

迴避害蟲

藉由香草的香氣
防止附著於洋蔥葉片的害蟲

葉片各處出現像是擦傷般的白色痕跡，為洋蔥常見的病害症狀之一。這是由體長約 1mm 的薊馬（蔥薊馬）所造成的被害，嚴重時甚至會讓白色部分擴展，無法充分進行光合作用，使生長勢衰弱。

若在洋蔥田間附近栽種洋甘菊，薊馬就會因為香草所散發的獨特氣味而不再靠近。另外，雖然洋甘菊會吸引喜愛菊科植物的蚜蟲靠近，不過同時也會增加天敵數量，成為天敵的棲息場所，因此能同時防治附著於洋蔥的蚜蟲等害蟲。

應用：將洋甘菊和小黃瓜等混植也能獲得同樣的效果。

栽培程序

【挑選品種】洋蔥不需要特別挑選品種。洋甘菊可選擇一年生的小型「德國洋甘菊」較容易栽培。

【播種、育苗】洋蔥可參考 p.66。洋甘菊可於 9 月中旬～下旬在育苗箱中散播育苗。也可以利用市售的盆苗。

【整土】於定植前 3 週混入成熟堆肥及伯卡西肥，充分耕耘並立畦。

【定植】洋蔥可參考 p.66。於每 4～5 株洋蔥之間栽種 1 株洋甘菊。

【追肥】洋蔥的追肥可於 12 月中旬～下旬施放 1 次，2 月下旬施放 1 次，可施放米糠或是伯卡西肥，並且和表面土壤混合。洋甘菊可使用相同方式追肥。

【採收】洋蔥可參考 p.64。洋甘菊可在葉片伸長的 3 月中旬～下旬修剪新芽的前端，可促進側芽生長，開出許多花。於 4 月上旬～5 月中旬會持續開花，可將剛開的花摘下享受其香氣。

重點

洋甘菊也有「羅馬洋甘菊」品種。屬於多年生草，植株高度較低矮而且茂盛，不只是花朵，莖葉等植株整體都會散發強烈香氣。可在上風處的畦田周圍集中栽種。不耐炎熱，夏季可進行修剪促進通風。

洋甘菊

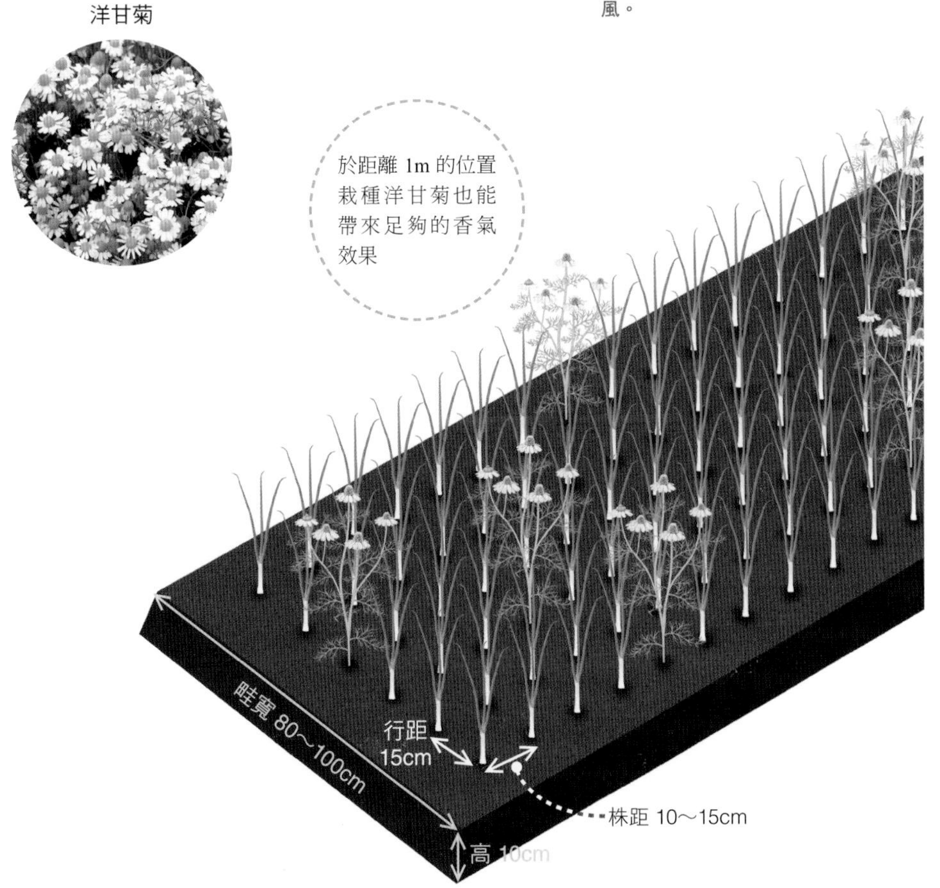
於距離 1m 的位置栽種洋甘菊也能帶來足夠的香氣效果
畦寬 80～100cm
行距 15cm
株距 10～15cm
高 10cm

column
2

用照片說明 共生植物應用實例

於日本各地都有實際利用共生植物進行栽培。
在這裡用照片為各位介紹代表性的組合案例。

防治害蟲

迴避十字花科的害蟲

以每 3～4 株青花菜比 1 株的比例，和菊科的火焰生菜混植。能減少附著於十字花科的紋白蝶及小菜蛾等幼蟲所造成的食害。

於青花菜植株之間和紫蘇科的一串紅混植。除了氣味的效果之外，也同時利用了紋白蝶及小菜蛾討厭紅色的特性。

不同科別蔬菜的間作

將不同科別的蔬菜相鄰間作，能抑制害蟲的危害情況。由左至右為茼蒿（菊科）、小松菜（十字花科）、火焰生菜（菊科）、菠菜（藜亞科）、紅蘿蔔（繖形花科）、青江菜（十字花科）。

提供天敵的棲息場所

青椒和萬壽菊的間作。萬壽菊可成為天敵溫存植物，增加蚜蟲、薊馬、葉蟎的天敵。

預防病害

將茄科植物和韭菜混植

於番茄基部和韭菜混植。附著於蔥屬植物根部的共生菌會釋放出抗生物質，減少番茄萎凋病的病原菌。深根類型的茄科和同樣是深根的韭菜混植，效果明顯

葫蘆科和大蔥混植

附著於蔥屬植物根部的共生菌，對於葫蘆科作物也有相同效果。照片為哈密瓜農家的實際案例。於植株基部和大蔥混植。淺根類型的葫蘆科較適合和大蔥混植

抑制十字花科作物的根瘤病

於白菜周圍栽種燕麥。燕麥的根部會分泌出抗菌物質，可抑制十字花科特有的土壤病害---根瘤病的病原菌

抑制白粉病

於小黃瓜的通道栽種植生覆蓋物用途的麥類。麥類可增加白粉病菌的寄生菌。同時可成為天敵溫存植物

促進生長

和豆科植物混植、間作

於番茄田左右兩側和落花生混植。共生於豆科植物根部的根瘤菌能讓土壤肥沃。葉片或莖部能覆蓋地面，達到覆蓋物的效果

玉米和毛豆的間作。豆科的根瘤菌能讓土壤肥沃，同時使菌根菌的互聯網發展旺盛，促進彼此生長

藉由混植提升品質

可防止青蔥肥料過剩，同時減少菠菜的澀味，提升美味度

增加收成量

將草莓和大蒜混植可促進花芽分化，增加收成量。和矮牽牛混植可以增加訪花昆蟲，使草莓確實授粉

有效活用空間

活用植株基部的空間

於茄子植株基部多餘的空間栽種洋香菜。洋香菜的葉片擴展，也可帶來土壤保濕效果

用來阻擋寒風例

於春收高麗菜的附近和蠶豆混植。可藉由高麗菜避開寒風，到了春天先採收高麗菜

利用遮陰

藉由芋頭大片的葉子遮擋夏日強烈的陽光，培育困難度較高的夏季白蘿蔔

當作支架利用

於秋葵植株基部撒下豌豆種子，枯萎後的秋葵莖部可代替支架使用。於冬季秋葵可以遮擋寒風

蕪菁 X 青蔥

促進生長　預防疾病　迴避害蟲

使蕪菁變得更甜
讓葉片都能美味食用

為十字花科和蔥屬的組合，所附著的害蟲各異，因此能互相迴避、抑制危害情況。另外，由於根圈微生物種類差異甚大，還能減少病害的發生。

此外，青蔥偏好吸收銨態氮，而蕪菁（大頭菜）則偏好吸收由銨態氮分解而來的硝酸態氮。所以不會引起養分爭奪的情況，也不會使肥料過剩。結果就能讓蕪菁呈現出漂亮的圓形，不帶苦味，採收鮮甜的蕪菁。同時還能減少葉片的澀味，連葉片都能一起食用。

應用：和青蔥的混植，除了青江菜、小松菜等十字花科葉菜類之外，也可以應用於菠菜（參閱 p.56）等。青蔥也可以用細香蔥（蝦夷蔥）代替。

栽培程序

【挑選品種】蕪菁和青蔥都不需要特別挑選品種。只要調整和青蔥的行距，蕪菁從小型到大型都可以栽培。

【整土】於播種、定植前 3 週混入成熟堆肥及伯卡西肥，充分耕耘並立畦。

【蕪菁播種、青蔥定植】可於同一個時期進行。春季的話可於 3 月下旬～4 月上旬，秋季的話則是以 9 月中旬～下旬為適期。蕪菁和青蔥的行距為 15cm 左右。蕪菁可用 1cm 的間隔進行條播。青蔥的株距為 15cm。

【間拔】蕪菁長出 1 片本葉時間拔至株距 3cm，長出 3 片本葉時間拔至株距 5cm。當蕪菁開始肥大時，可再次間拔至株距 10cm 左右。間拔後的幼苗也能食用。

【追肥】不需要施放追肥。

【採收】蕪菁生長至適當大小後即可採收。青蔥可從距離植株基部 3～5cm 的位置修剪採收。葉片會繼續長出。

重點

如果青蔥有幼苗的話，集中 3 根定植於同一處可促進生長。移植較粗的青蔥時定植 1 根即可。蕪菁採收後可將青蔥拔起，移動至其他場所繼續栽培。

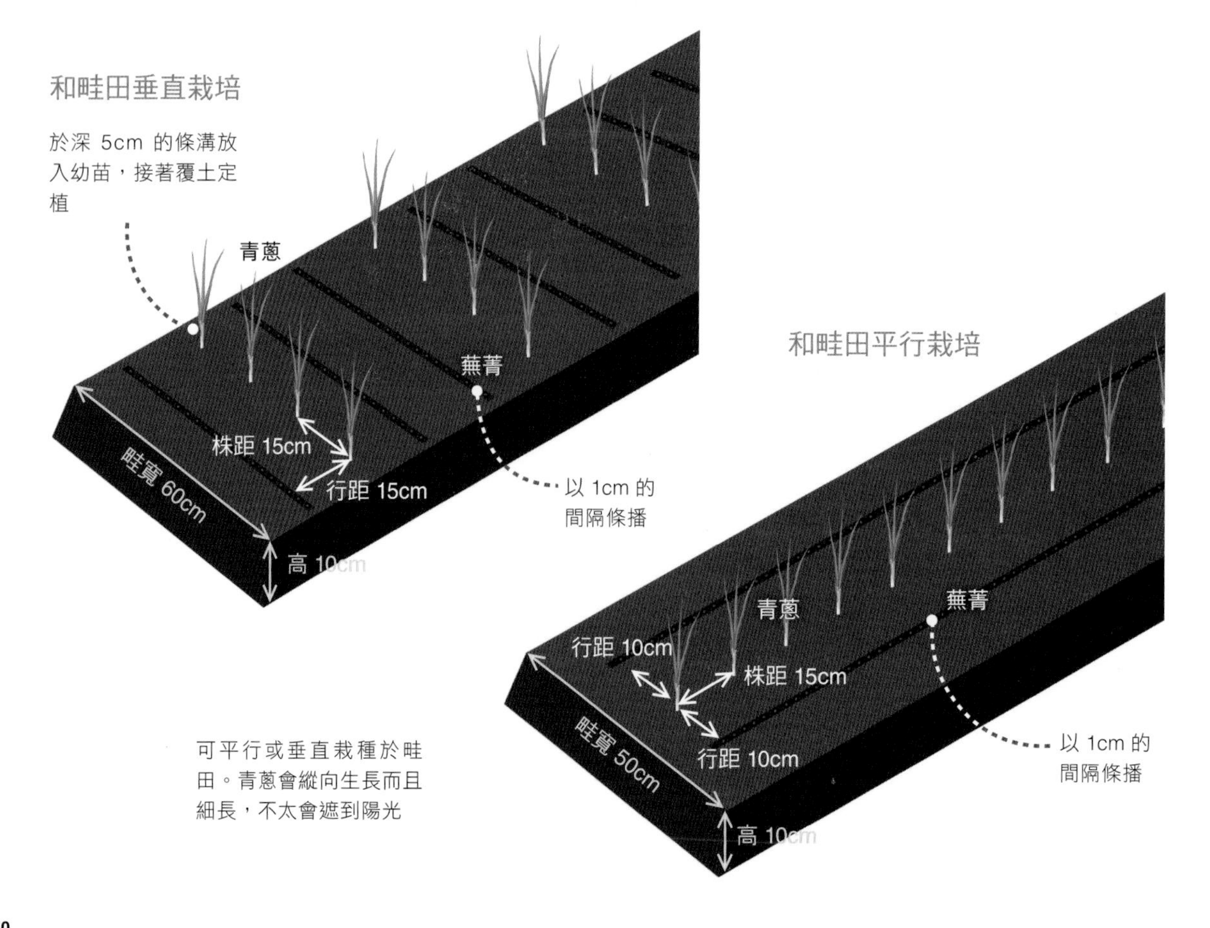

和畦田垂直栽培
於深 5cm 的條溝放入幼苗，接著覆土定植
青蔥
蕪菁
株距 15cm
行距 15cm
畦寬 60cm
以 1cm 的間隔條播
高 10cm
和畦田平行栽培
青蔥
蕪菁
行距 10cm
株距 15cm
行距 10cm
畦寬 50cm
以 1cm 的間隔條播
高 10cm
可平行或垂直栽種於畦田。青蔥會縱向生長而且細長，不太會遮到陽光

蕪菁 X 葉萵苣

迴避害蟲

藉由菊科植物的香氣 防止紋白蝶和小葉蛾飛來

為十字花科的蕪菁和菊科葉萵苣的組合。由於兩者科別不同，所以能互相驅除害蟲。尤其是蕪菁容易出現紋白蝶、小葉蛾的幼蟲，不過只要於附近栽種葉萵苣，就能減少紋白蝶及小葉蛾成蟲飛來的情況。而葉萵苣容易出現的蚜蟲，也會因為討厭蕪菁的氣味而遠離。

每 4～5 列蕪菁栽種 1 列葉萵苣就能帶來足夠的效果。由於葉萵苣會橫向擴展，因此比起蕪菁的株距應稍微拉遠距離定植。

應用：葉萵苣可以用同樣是菊科的茼蒿代替。而蕪菁替換為青江菜、小松菜、水菜等也有相同效果。

栽培程序

【挑選品種】蕪菁和葉萵苣都不需要特別挑選品種。由於害蟲不喜歡紅色，所以建議使用火焰生菜（陽光生菜）。

【整土】於播種、定植前 3 週混入成熟堆肥及伯卡西肥，充分耕耘並立畦。

【蕪菁播種、葉萵苣定植】可於同一個時期進行。春季的話可於 3 月下旬～4 月上旬，秋季的話則以 9 月中旬～下旬為適期。蕪菁和葉萵苣的行距為 20cm 程度。蕪菁可用 1cm 的間隔進行條播。青蔥的株距為 15cm。

【間拔】參閱 p.70。

【追肥】不需要施放追肥。

【採收】參閱 p.70。葉萵苣可從外側葉片開始摘採收成。也可以從基部切下整棵採收。

重點

對於秋季播種尤其有效。蕪菁如果在根部肥大之前遭到害蟲的危害，甚至會無法採收，因此葉萵苣可以先定植幼苗使其生長。

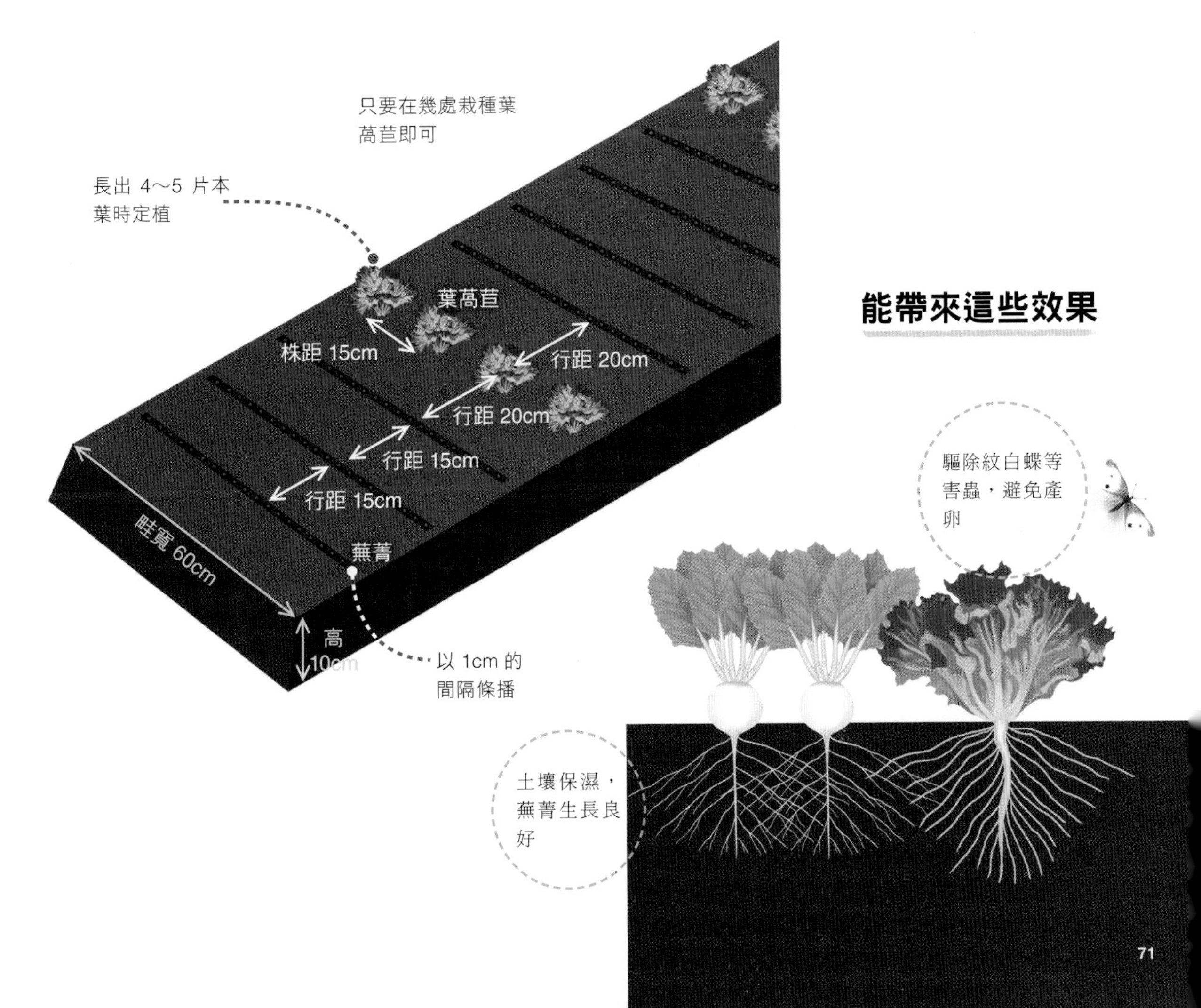
只要在幾處栽種葉萵苣即可
長出 4～5 片本葉時定植
葉萵苣
株距 15cm
行距 20cm
行距 20cm
行距 15cm
行距 15cm
畦寬 60cm
蕪菁
高 10cm
以 1cm 的間隔條播
能帶來這些效果
驅除紋白蝶等害蟲，避免產卵
土壤保濕，蕪菁生長良好

白蘿蔔 X 萬壽菊

迴避害蟲　促進生長

地上部可防止害蟲飛來
根部能減少根腐線蟲的危害

萬壽菊的地上部會散發出獨特的香氣，可藉此驅除會附著在十字花科作物的紋白蝶、小菜蛾、甘藍金花蟲等害蟲。

害蟲的危害情況會隨著氣溫上升而加重，對於栽培困難、於 6 月中旬播種的夏季白蘿蔔而言，和萬壽菊混植最能發揮出效果。而栽培 9 月上旬～下旬播種的冬季白蘿蔔時，也能於生長初期的重要時期幫助抑制危害情況。

根腐線蟲會使白蘿蔔外表出現黑色斑點，使品質下降，但若和萬壽菊混植，就能吸引根腐線蟲靠近根部，並且發揮出使線蟲死滅作用。

應用：萬壽菊地上部可發揮驅蟲效果，也可以和茄科的茄子、青椒，十字花科的高麗菜、青花菜、白菜等混植。作為防治根腐線蟲的對策，同時也可以應用於紅蘿蔔或是牛蒡。

栽培程序

【挑選品種】白蘿蔔不需要特別挑選品種。非洲萬壽菊會比法國品種的萬壽菊更具有效果。

【整土】於白蘿蔔播種 3 週前立畦。不需要施放基肥和堆肥。

【播種、定植】白蘿蔔可於一處播 5～7 顆進行點播。萬壽菊如果是自行育苗的話，可於 4 月上旬播種。長出 4～5 片本葉後即可定植。

【間拔】白蘿蔔長出 1 片本葉後間拔至 3 株，長出 3～4 片本葉後間拔至 2 株，長出 6～7 片本葉後間拔至 1 株。

【追肥】不需要施放追肥。

【覆土】培育頂端為青色的白蘿蔔時，當根部長出地面時，即可進行覆土。

【採收】白蘿蔔可依照品種適合栽培的天數採收。一般為 60～70 天。秋季較晚播種時需要更長的時間。

重點

根腐線蟲危害嚴重時，可於春至夏季密集栽培萬壽菊，接著當作綠肥混入土壤中，經過 3 週後再開始栽培秋播白蘿蔔。只要每數年進行一次，就能以連作整年栽培白蘿蔔。

白蘿蔔 X 芝麻菜

活用空間　迴避害蟲　促進生長

多增加一種
栽培天數短的蔬菜

利用白蘿蔔的株間、行間，多增加一種採收作物的方法。白蘿蔔通常到採收為止需要 60～70 天。如果是秋播而且在 9 月下旬之後播種，則需要更多的天數。而芝麻菜（火箭菜）直到晚秋都能播種，且只要 30～40 天就能採收。

芝麻菜有強烈的香氣和辣味，幾乎沒有害蟲接近，因此能保護白蘿蔔。在芝麻菜成長採收結束時，剛好是蘿蔔葉片擴展，根部肥大時期。

應用：也可以將生長期間較短的蕪菁，栽種於白蘿蔔兩側。小蕪菁的葉片也很美味，間拔後的幼苗幾乎整株都能食用。

栽培程序

【挑選品種】白蘿蔔、芝麻菜不需要特別挑選品種。

【整土】於播種 3 週前立畦。不需要施放基肥和堆肥。

【播種、定植】白蘿蔔可於一處播 5～7 顆進行點播。芝麻菜以 1cm 間隔點播或是散播。

【間拔】白蘿蔔可參考上述方法。芝麻菜長出本葉後即可開始間拔採收。長出 1 片本葉時應間拔至株距 3cm，長出 3 片本葉時應間拔至株距 5cm，最後間拔至株距 10cm。隨時進行間拔，間拔苗也可以放入沙拉中食用。

【追肥】不需要施放追肥。

【採收】白蘿蔔可參考上述方法。當根部肥大後即可採收。芝麻菜栽培 40 天後即可全部採收。

重點

秋季生長的繁縷很適合和十字花科蔬菜一起栽培，不要拔除刻意保留，就能覆蓋地面代替覆蓋物達到土壤保濕的作用。在白蘿蔔行間栽種芝麻菜，也就是代替繁縷的作用。

白蘿蔔和萬壽菊
每 5～6 株白蘿蔔栽種 1 株萬壽菊即可
行距 40cm
株距 15～20cm
畦寬 70cm
高 10cm
白蘿蔔和芝麻菜
於行間以 1cm 的間隔將芝麻菜進行條播。也可以散播於整個田間
行距 40cm
株距 15～20cm
畦寬 70cm
高 10cm
白蘿蔔於每一處播 5～7 顆種子進行點播，一般而言株距為 30cm，不過品種較細瘦的白蘿蔔也可以栽種密集一點
能帶來這些效果
萬壽菊能驅除害蟲
地上部可驅除紋白蝶等害蟲，而根部則能吸引並殺死根腐線蟲
可以將白蘿蔔、萬壽菊和芝麻菜一起栽培
芝麻菜的香氣及辣味成分有助於害蟲防除
白蘿蔔和芝麻菜不會互相排斥，能共存生長
芝麻菜
繁縷
繁縷也有助於保濕
秋季生長的繁縷能帶來保濕效果
藉由保濕讓白蘿蔔變得粗大
白蘿蔔行間、株間的芝麻菜能帶來保濕作用，促進根部肥大

櫻桃蘿蔔 X 羅勒

迴避害蟲

藉由羅勒的香氣為短期栽培型的櫻桃蘿蔔驅除害蟲

櫻桃蘿蔔的栽培期間非常短，只需要 40 天左右，雖然栽培過程不需要太繁複的作業，但是卻意外地容易受到害蟲侵害。雖然櫻桃蘿蔔的葉片較少作為食用，不過若受到蚜蟲、甘藍金花蟲、紋白蝶或小菜蝶的幼蟲、夜盜蟲等食害時，會因為栽培期間太短而無法恢復，使生長衰弱，根部無法肥大而變硬。

在櫻桃蘿蔔播種的時期，於附近定植紫蘇科的羅勒，可藉由羅勒獨特的香氣從生長初期保護櫻桃蘿蔔，避免受到害蟲的危害。每 50cm 定植 1 株羅勒就能發揮出充分的效果。

應用：羅勒除了和十字花科之外，也能和萵苣、茼蒿等菊科，或是茄子及番茄等茄科作物混植。

栽培程序

【挑選品種】櫻桃蘿蔔、羅勒不需要特別挑選品種。

【整土】若田間土壤肥沃則不需要整土。田間土壤貧瘠時，可於播種 3 週前施放成熟堆肥和伯卡西肥，充分耕耘後立畦。

【播種、定植】櫻桃蘿蔔若為春天播種時，應於 3 月中旬～5 月下旬，秋天播種時則以 8 月下旬～10 月下旬為播種適期。以 1cm 的間隔進行條播，或是於一處播 3 顆種子進行點播。羅勒應於本葉 4～6 片的狀態定植。若要自行育苗的話，可於 3 月初在黑軟盆內放入介質散播，再蓋上薄薄的一層土使其發芽。也可以使用市售的盆苗。

【間拔】櫻桃蘿蔔長出 1 片本葉時，可間拔至株距 2～3cm，長出 3 片本葉時應間拔至株距 5～6cm。

【摘心】羅勒長出 8～10 片葉子（4～5 節）時，從上方剪下 2 節。側芽會從下方的節繼續長出，伸長後同樣修剪前端，增加莖數。長出花蕾後應隨時摘除，就能長期採收柔軟的葉片。

【追肥】不需要施放追肥。

【採收】櫻桃蘿蔔經過 40 天後，當根部肥大時即可採收。若太晚採收會讓根部龜裂變硬。

重點

櫻桃蘿蔔栽培結束後，可以將羅勒移植至其他地方栽種。只要扦插側芽就能簡單繁殖。

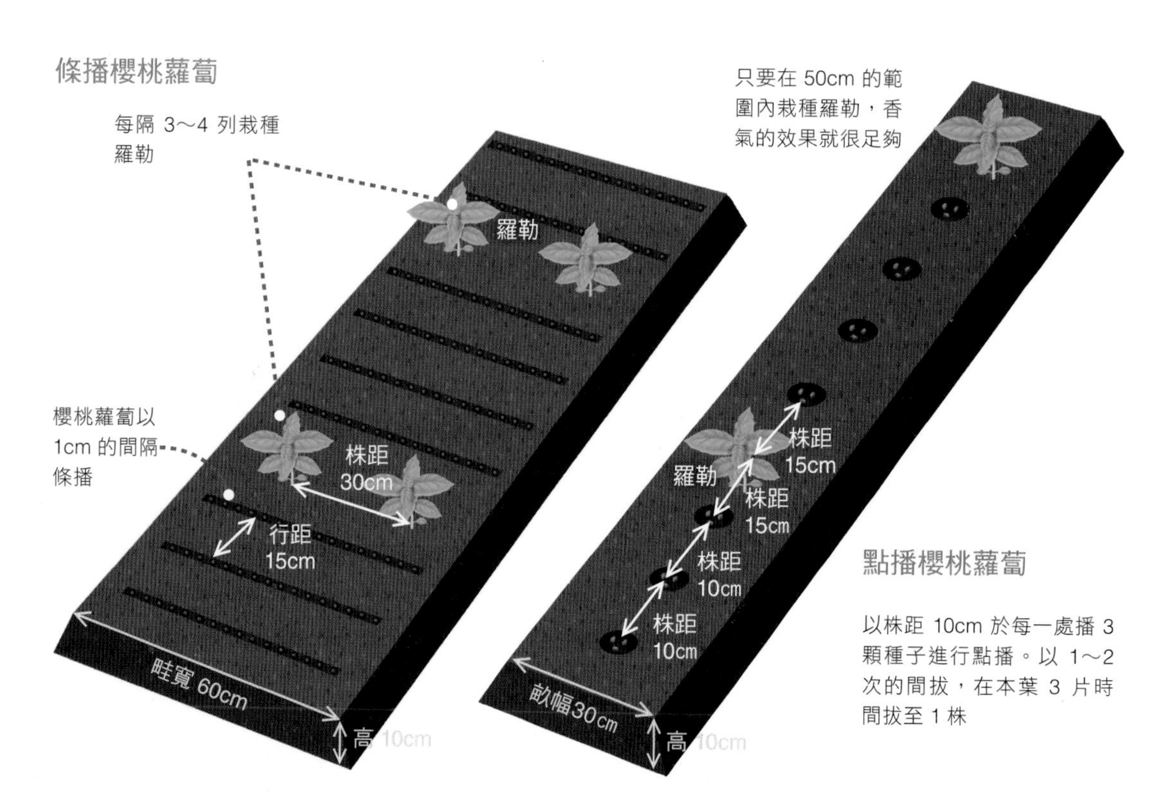
條播櫻桃蘿蔔
每隔 3～4 列栽種羅勒
羅勒
櫻桃蘿蔔以 1cm 的間隔條播
株距 30cm
行距 15cm
畦寬 60cm
高 10cm
只要在 50cm 的範圍內栽種羅勒，香氣的效果就很足夠
株距 15cm
羅勒
株距 15cm
株距 10cm
株距 10cm
畝幅 30cm
高 10cm
點播櫻桃蘿蔔
以株距 10cm 於每一處播 3 顆種子進行點播。以 1～2 次的間拔，在本葉 3 片時間拔至 1 株

紅蘿蔔 X 毛豆

促進生長

迴避害蟲

夏播秋收蔬菜的黃金組合
在養分少的田間也能生長良好

兩者皆為初夏播種栽培的蔬菜。紅蘿蔔可藉由繖形花科的獨特香氣，驅除附著於毛豆的椿象等害蟲。另外，同時也能減少金鳳蝶幼蟲對於紅蘿蔔的危害。

紅蘿蔔在整土時將堆肥混入土壤中，如果這時候土壤中殘留尚未成熟的有機物，就會使表皮無法平整，讓品質下降。另外，肥料偏少反而才能讓根部伸展粗大，變得更美味。因此事先栽培貧瘠土壤也能生長良好的毛豆。附著在根部的根瘤菌可固定氮素，讓土壤逐漸變得肥沃，而紅蘿蔔也能慢慢利用此養分生長。毛豆的根部容易共生根瘤菌，會伸展菌絲和紅蘿蔔的根部形成聯絡網，供給養分。在毛豆的開花時期，紅蘿蔔的葉片伸展保濕土壤，因此能促進毛豆開花結果莢。

栽培程序

【挑選品種】紅蘿蔔不需要特別挑選品種。毛豆可選擇早生～中生品種較容易栽培。紅蘿蔔如果想要晚點播種時，毛豆應選擇晚生品種。

【整土】於毛豆播種 3 週前立畦。不需要施放基肥和追肥。

【播種】毛豆直播於田間，每一處播 3 顆種子，長出 1.5 片本葉後（不含初生葉）間拔至 2 株。間拔的同時或是經過一段時間後將紅蘿蔔播種。紅蘿蔔在 6 月下旬～7 月中旬播種，大約可在 10～11 月秋季採收。

【紅蘿蔔的間拔】參閱 p.76。

【追肥】不需要施放追肥。

【覆土】將通道的土分數次覆蓋於毛豆植株基部，可促進不定根生長，使生長良好。

【採收】毛豆莢中的豆子膨大後即可採收。栽培日數會隨著品種而異，參考所標示的日數採收即可。紅蘿蔔從播種開始的 100～120 天後為採收適期。當根部肥大時即可採收。

重點

毛豆在採收後，可從植株基部將地上部砍除，並且鋪在畦田上，代替覆蓋物達到土壤保濕作用，讓紅蘿蔔能穩定生長。

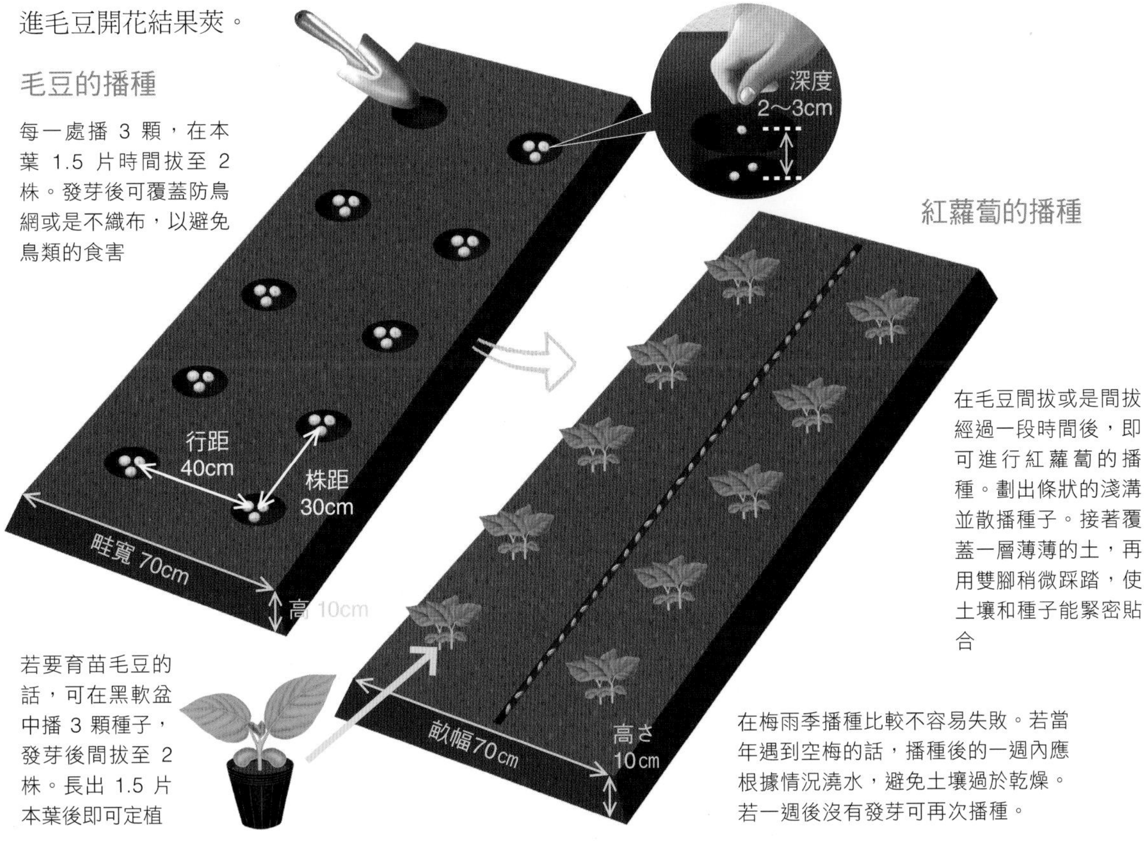
毛豆的播種
每一處播 3 顆，在本葉 1.5 片時間拔至 2 株。發芽後可覆蓋防鳥網或是不織布，以避免鳥類的食害
深度
2～3cm
行距
40cm
株距
30cm
畦寬 70cm
高 10cm
若要育苗毛豆的話，可在黑軟盆中播 3 顆種子，發芽後間拔至 2 株。長出 1.5 片本葉後即可定植
紅蘿蔔的播種
在毛豆間拔或是間拔經過一段時間後，即可進行紅蘿蔔的播種。劃出條狀的淺溝並散播種子。接著覆蓋一層薄薄的土，再用雙腳稍微踩踏，使土壤和種子能緊密貼合
畝幅70cm
高さ
10cm
在梅雨季播種比較不容易失敗。若當年遇到空梅的話，播種後的一週內應根據情況澆水，避免土壤過於乾燥。若一週後沒有發芽可再次播種。

紅蘿蔔 × 白蘿蔔、櫻桃蘿蔔

迴避害蟲

促進生長

在同一個畦田栽種不同科別的根菜類組合

紅蘿蔔和白蘿蔔皆為直根性植物，不會互相競爭，在肥料較少的土壤也能充分生長，所以能在同一個畦田內混植。雖同是根菜類，不過紅蘿蔔屬於繖形花科，而白蘿蔔則屬於十字花科，科別不同能互相迴避彼此的害蟲。結果就能防止金鳳蝶受到紅蘿蔔吸引而飛來，減少幼蟲造成的食害。另外也能減少紋白蝶及小菜蛾的幼蟲、蚜蟲對白蘿蔔所造成的危害。

從播種到採收紅蘿蔔需要約 100～120 天左右，而白蘿蔔則需 60～70 天。春季播種的話可以於 3 月下旬～4 月中旬同時播種紅蘿蔔和白蘿蔔的種子。夏季的話建議在 7 月中旬～8 月中旬播紅蘿蔔種子，到了 9 月再播白蘿蔔種子。

應用：白蘿蔔也可以用櫻桃蘿蔔代替。由於栽培期間較短，因此可以在紅蘿蔔生長初期和其混植，櫻桃蘿蔔採收後，紅蘿蔔便可開始茁壯生長。

栽培程序

【挑選品種】春季播種時，紅蘿蔔應選擇不容易抽花苔的品種。夏至秋季播種時，紅蘿蔔和白蘿蔔都不需要特別挑選品種。

【整土】於播種 3 週前立畦。不需要施放基肥和追肥。

【播種】紅蘿蔔進行條播。白蘿蔔每一處播 5～7 顆種子。

【間拔】紅蘿蔔生長至高度 4～5cm 時，間拔至株距 5～6cm，當根部生長至 5mm 粗時，間拔至株距 10～12cm。白蘿蔔長出 1 片本葉時應間拔至 3 株，長出 3～4 片本葉時應間拔至 2 株，長出 6～7 片本葉時應間拔至 1 株。

【追肥】不需要施放追肥。

【覆土】欲栽培頂部青色的白蘿蔔時，當根部從地上隆起時即可進行覆土。

【採收】紅蘿蔔從播種開始的 100～120 天後為採收適期。當根部肥大時即可採收。白蘿蔔可依照不同品種適合的栽培天數採收。

重點

在 9 月秋天彼岸之日※左右播種，就能減少害蟲的危害。這時候紅蘿蔔和白蘿蔔可同時播種。白蘿蔔可在 12 月上旬～中旬，而紅蘿蔔則是在 12 月下旬～隔年 2 月採收到因為寒冷而變得鮮甜的美味蘿蔔。

※秋天的彼岸之日：秋分之日，相當是中秋時節。

紅蘿蔔 × 蕪菁、青江菜

迴避害蟲

促進生長

以葉片會互相碰觸的距離栽培避免害蟲靠近

這也是繖形花科和十字花科蔬菜的組合。為了能驅除彼此的害蟲，因此要比上述白蘿蔔更縮減行距，以紅蘿蔔和蕪菁的葉片能互相碰觸的距離栽種。

蕪菁和青江菜都能在播種後 50～60 天左右採收，因此可以在紅蘿蔔的栽培期間內，稍微錯開時期播種。春天播種的情況下，紅蘿蔔的播種開始時期為 3 月下旬，第二次的間拔為 6 月上旬為止，這時候就能播種蕪菁或是青江菜的種子。夏至秋季可先播紅蘿蔔的種子，到 9 月～10 月上旬再播蕪菁或青江菜的種子即可。

栽培程序

【挑選品種】春季播種時，紅蘿蔔應選擇不容易抽花苔的品種。夏至秋季播種時，紅蘿蔔和白蘿蔔都不需要特別挑選品種。

【整土】於播種 3 週前立畦。不需要施放基肥和追肥。

【播種】三種蔬菜皆為條播。青江菜也可以使用點播。

【間拔】紅蘿蔔可參考上述方式。蕪菁長出 1 片本葉時應間拔至株距 3cm，長出 3 片本葉時應間拔至株距 5cm，當蕪菁根部開始肥大時，再間拔至株距 10cm 即可。

【追肥】不需要施放追肥，不過當蕪菁或是青江菜的葉片偏黃，生長狀況變差時，可施放少量的伯卡西肥。

【採收】紅蘿蔔可參考上述方法。蕪菁生長至適當大小時即可採收，青江菜則是基部的葉片肥厚時即可採收。

重點

相對於畦田以橫向條播，將紅蘿蔔、蕪菁、青江菜數列交互栽種，可帶來防蟲的效果。

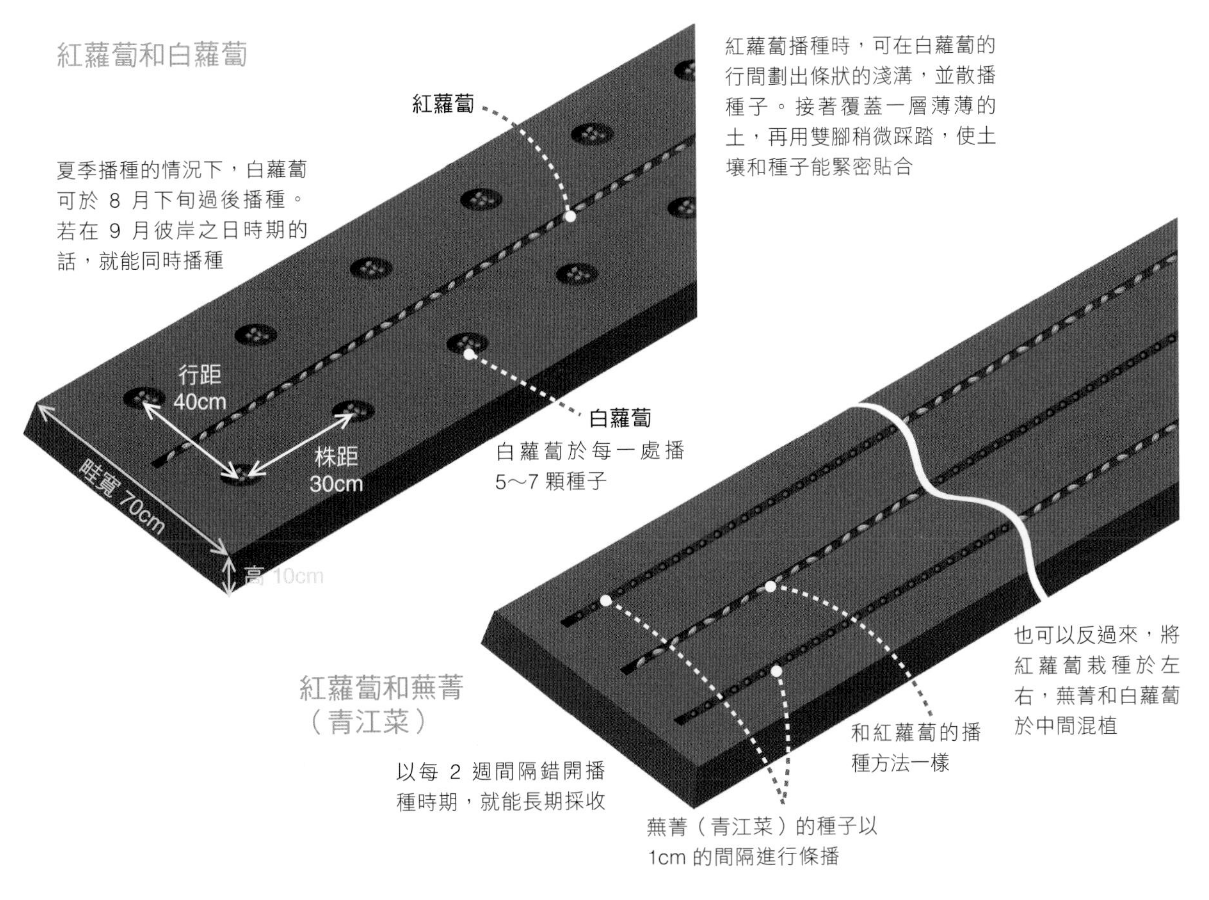
紅蘿蔔和白蘿蔔
紅蘿蔔
紅蘿蔔播種時，可在白蘿蔔的行間劃出條狀的淺溝，並散播種子。接著覆蓋一層薄薄的土，再用雙腳稍微踩踏，使土壤和種子能緊密貼合
夏季播種的情況下，白蘿蔔可於 8 月下旬過後播種。若在 9 月彼岸之日時期的話，就能同時播種
行距
40cm
株距
30cm
畦寬 70cm
高 10cm
白蘿蔔
白蘿蔔於每一處播5～7 顆種子
也可以反過來，將紅蘿蔔栽種於左右，蕪菁和白蘿蔔於中間混植
紅蘿蔔和蕪菁
（青江菜）
和紅蘿蔔的播種方法一樣
以每 2 週間隔錯開播種時期，就能長期採收
蕪菁（青江菜）的種子以1cm 的間隔進行條播

能帶來這些效果

也可以將紅蘿蔔、白蘿蔔和蕪菁一起栽種
驅除害蟲
由於科別不同，能迴避彼此的害蟲
白蘿蔔
能密集栽種
紅蘿蔔的葉片較細小，因此不會彼此妨礙。碰到蕪菁或是白蘿蔔的葉子也沒關係
蕪菁
ニンジン
促進根系伸展
白蘿蔔和紅蘿蔔都是屬於深根類型的根菜類。根系在深處伸展，能彼此促進空氣流通及根系伸展

地瓜 X 紫蘇

促進生長

活用空間

迴避害蟲

藉由吸肥力強的紫蘇
避免枝蔓生長過剩，增加收成量

是適合田間土壤肥沃的混植方法。地瓜的葉片和莖部（枝蔓）會附著一種叫做固氮螺菌（Azospirillum）的共生菌，能固定氮素，因此在肥料較少的土地也能生長良好。如果在肥料較多的土地栽培，反而容易引起葉片和枝蔓生長過剩，而無法使地瓜肥大，就算長出地瓜也會變得水分太多而缺少甜味。

因此這時候就可以和能充分吸收肥料的紫蘇混植。能適度奪取土壤中的肥料，避免地瓜的枝蔓生長過剩，葉片及枝蔓所合成的養分能確實運輸至根部，使地瓜肥大。

另一優點是能幫助防治害蟲。絨金龜的幼蟲會在土壤中食害地瓜。成蟲討厭紫蘇的紅色葉片，因此不會飛來產卵，進而抑制危害情況。

栽培程序

【挑選品種】地瓜不需要特別挑選品種。紅紫蘇以外的紫蘇（青紫蘇）無法帶來驅除害蟲的效果。

【整土】於定植幼苗 2 週前立畦。建議立出高畦栽培。

【插穗、定植】於 4 月下旬～5 月下旬，將前端屬來帶有 4 片葉子的地瓜苗（插穗），保留葉片並扦插於土壤中。縱向插入土壤可採收圓而大的地瓜，橫向插入土壤則是能採收細長而大量的地瓜。紫蘇可定植於地瓜的植株之間。可以使用市售的盆苗，或是於定植前 30 天於黑軟盆中播種育苗。

【追肥】不需要施放追肥。

【翻枝蔓】枝蔓途中的節接觸到地面時會長出根。這時候枝蔓前端合成的糖分就會無法運送至基部，造成地瓜無法肥大，因此應偶爾進行翻枝蔓的作業。

【採收】定植後 110 天左右採收。採收的 2～3 週前應進行最後一次的翻枝蔓作業，接著在採收前一週將枝蔓割除，使養分能充分傳送，採收到美味的地瓜。如果太晚採收雖然地瓜會變得更肥大，卻會讓顏色、外觀和風味變差。紫蘇可隨時採收。從莖部的前端進行摘心。長出的側芽繼續摘心，就能培育出茂密的紫蘇。

重點

若田間過於肥沃，也可以於前一作栽培菠菜、小松菜等大量吸收肥料的蔬菜。重點在於控制肥料份量，避免使田間出現殘留的肥料。

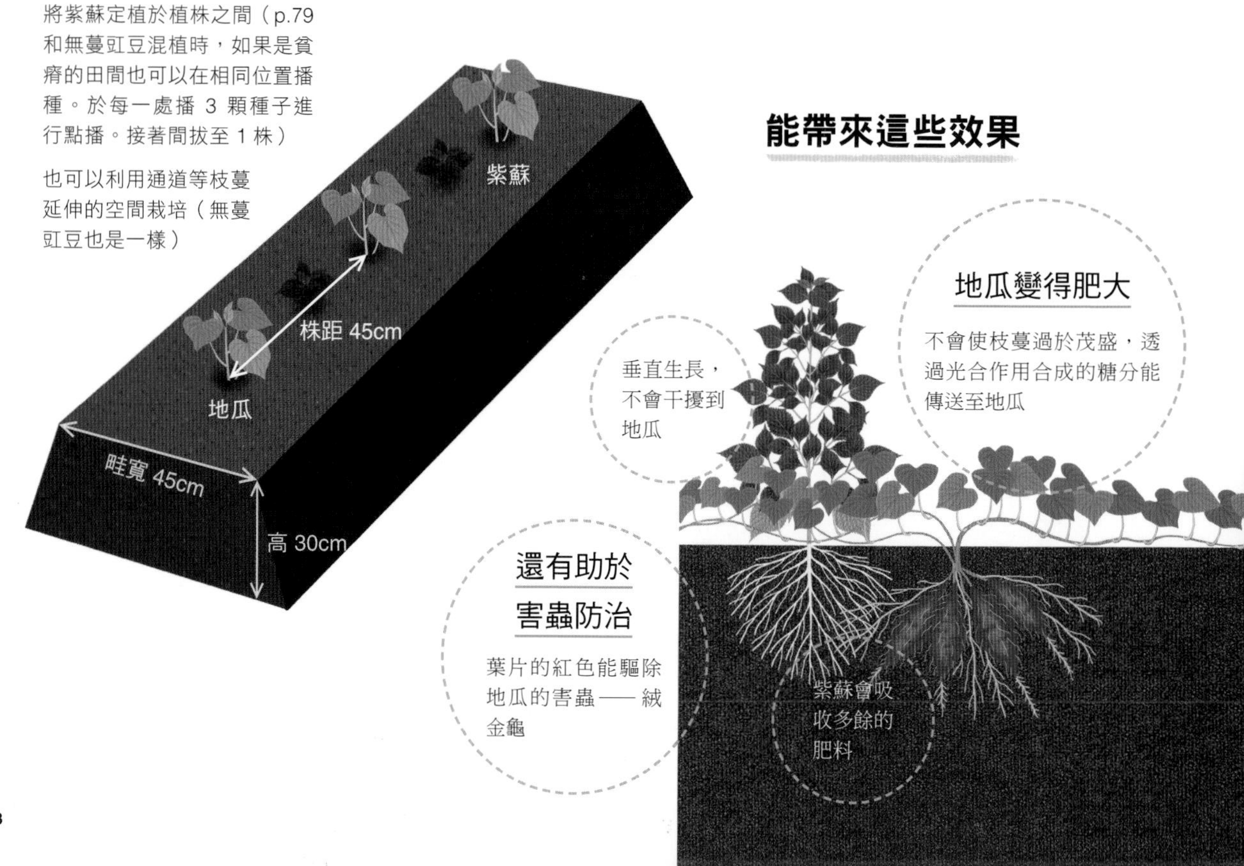
將紫蘇定植於植株之間（p.79 和無蔓豇豆混植時，如果是貧瘠的田間也可以在相同位置播種。於每一處播 3 顆種子進行點播。接著間拔至 1 株）
也可以利用通道等枝蔓延伸的空間栽培（無蔓豇豆也是一樣）
紫蘇
株距 45cm
地瓜
畦寬 45cm
高 30cm
能帶來這些效果
地瓜變得肥大
不會使枝蔓過於茂盛，透過光合作用合成的糖分能傳送至地瓜
垂直生長，不會干擾到地瓜
還有助於害蟲防治
葉片的紅色能驅除地瓜的害蟲——絨金龜
紫蘇會吸收多餘的肥料

地瓜 X 無蔓豇豆

活用空間
促進生長
迴避害蟲

如果土壤貧瘠的話
也可以和豆科混植多採收一種作物

地瓜在貧瘠的土壤比較能濃縮甜味，採收美味的地瓜。在德島縣和香川縣等產地，會利用河川的河床或是海岸附近肥料容易流失的砂質土栽培。這些場所不會使地瓜表皮受損，能採收優質的地瓜。

利用地瓜枝蔓佔有的寬廣空間，就能栽培無蔓性的豇豆。豇豆為豆科作物，根部和根瘤菌共生，能固定空氣中的氮氣，因此在貧瘠的土地也能生長良好。

應用：也可以和無蔓四季豆、毛豆混植。

栽培程序

【挑選品種】地瓜不需要特別挑選品種。豇豆可選擇無蔓性的品種。

【整土】於定植幼苗 2 週前立畦。建議立出高畦栽培。

【插穗、定植】地瓜可參閱 p.78。將無蔓豇豆於地瓜的植株之間，於每處播 3 顆種子進行點播。

【間拔】當無蔓豇豆長出 1～2 片本葉時，可間拔至 1 株。

【追肥】不需要施放追肥。

【採收】地瓜可參閱 p.78。無蔓豇豆的開花期很長，能陸續採收豆莢。從變得乾硬的豆莢開始依序採收。若放任不管會讓豆莢中的豆子掉出，應多加留意。

重點

在肥沃的田間將豇豆混植於地瓜植株之間，會使枝蔓過於茂盛而長不出地瓜。可以在地瓜枝蔓伸長的通道等多餘空間，稍微遠離植株基部栽種豇豆。

能帶來這些效果

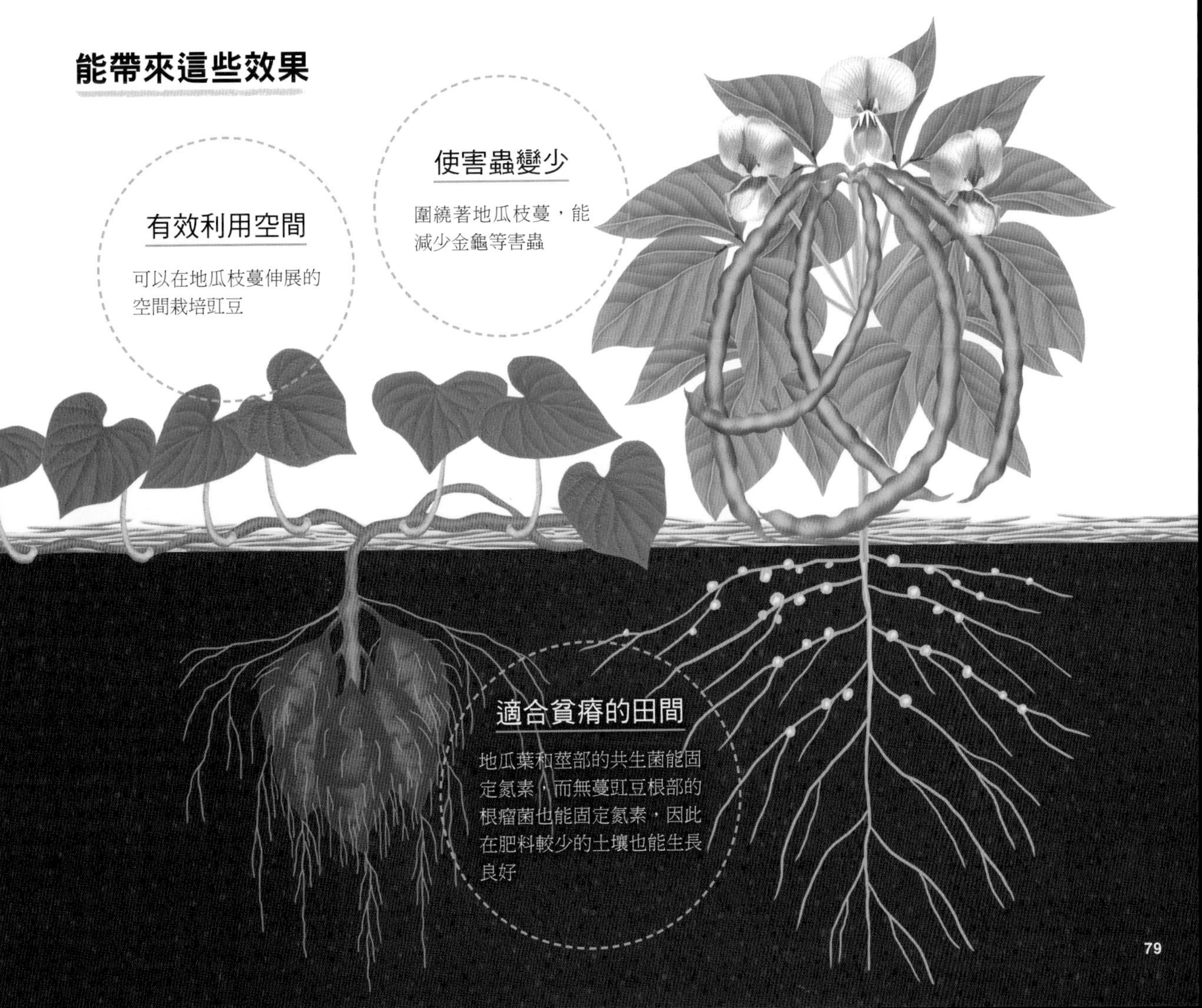
有效利用空間
可以在地瓜枝蔓伸展的空間栽培豇豆
使害蟲變少
圍繞著地瓜枝蔓，能減少金龜等害蟲
適合貧瘠的田間
地瓜葉和莖部的共生菌能固定氮素，而無蔓豇豆根部的根瘤菌也能固定氮素，因此在肥料較少的土壤也能生長良好

馬鈴薯 X 芋頭

活用空間

促進生長

馬鈴薯覆土完成後，即可在行間或通道栽培芋頭

春季栽培馬鈴薯的採收期間為 6 月中旬～7 月中旬。在後一作能立刻栽培的蔬菜很少，大多都是休耕到秋季蔬菜開始栽培為止。這個混植是在馬鈴薯的生長期間內定植芋頭，直接連續至後一作的方法。

當馬鈴薯的新芽長出，植株高度生長至 20cm 左右時即可進行覆土。覆土完 2 週過後，一般約在 5 月中旬～下旬進行第 2 次覆土。完成後立刻於行間或是通道較低的位置定植芋頭。由於位置較低，所以除了能保持土壤中的水分之外，氣溫也已經上升至生長適溫，所以芋頭很快就能發根，在 2～3 週後就會開始長芽。

在馬鈴薯採收時，芋頭的莖部已經充分伸長。可將採收後鬆落的土壤覆土於芋頭。

栽培程序

【挑選品種】馬鈴薯和芋頭都不需要特別挑選品種。

【整土】於定植馬鈴薯幼苗 3 週前充分耕土。如果不是特別貧瘠的土壤，則不需要施放堆肥或是基肥。

【馬鈴薯定植】將馬鈴薯肚臍部分切除，接著縱切成 40～60g 製作出種薯。靜置數天，待傷口乾燥後即可定植。

【摘芽】若長出的芽太多，會使採收的馬鈴薯過小，因此可摘除生長勢較弱的芽，留下 2～3 個芽即可。

【馬鈴薯覆土】當植株高度生長至 20cm 時，可進行第一次的覆土。接著於 2 週後進行第二次的覆土。

【芋頭定植】於馬鈴薯的行間或是通道的中央處定植芋頭的種芋，於種芋上方覆蓋 5～7cm 的土。

【馬鈴薯採收】當莖或葉片枯萎時即可挖起採收。

【芋頭覆土、追肥】將馬鈴薯採收後鬆軟的土壤，於芋頭的植株基部進行覆土。於表面施放伯卡西肥或是米糠，並且稍微混合。梅雨季結束時應儘早鋪上乾稻草等，避免土壤乾燥。

【芋頭採收】於 11 月初～中旬，在下霜前採收。

重點

芋頭就算在 6 月下旬栽種也能充分採收，因此也可以選擇馬鈴薯的早生品種栽培，於採收後立刻定植芋頭。

1 定植馬鈴薯

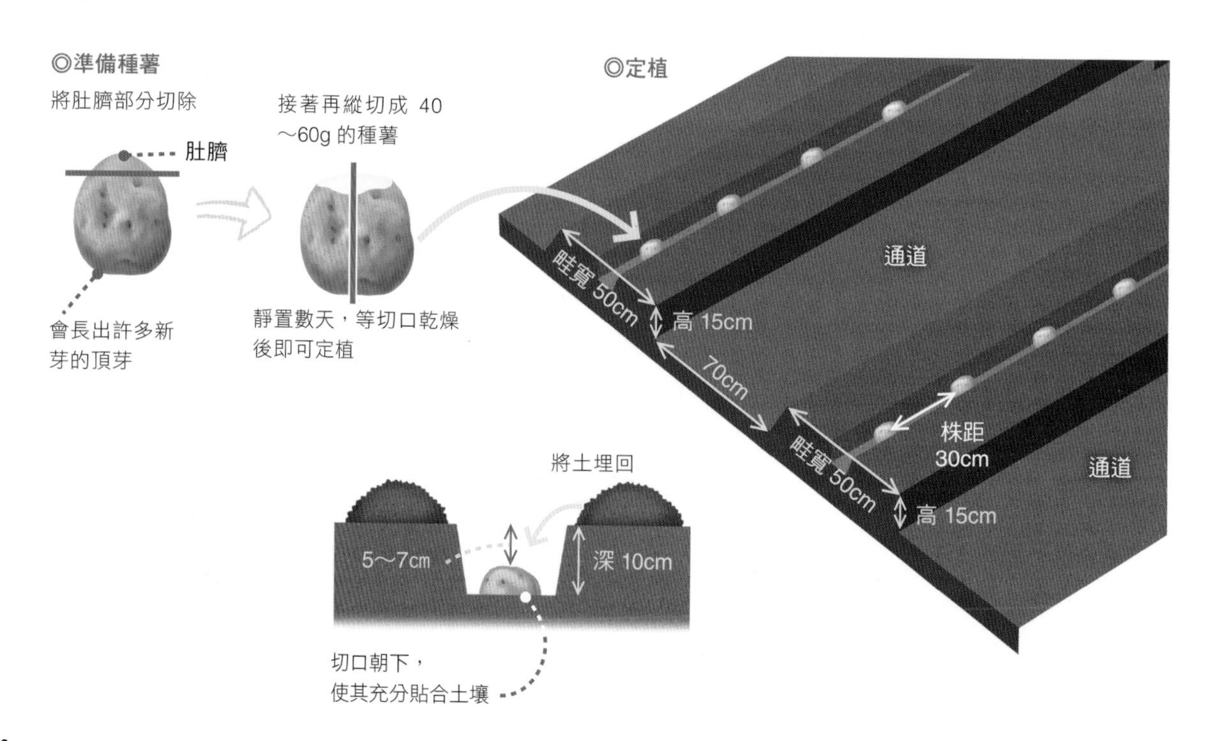
◎準備種薯
將肚臍部分切除
肚臍
會長出許多新芽的頂芽
接著再縱切成 40～60g 的種薯
靜置數天，等切口乾燥後即可定植
◎定植
畦寬 50cm
高 15cm
70cm
通道
株距 30cm
畦寬 50cm
高 15cm
通道
將土埋回
5～7cm
深 10cm
切口朝下，使其充分貼合土壤

2 馬鈴薯的覆土和芋頭的定植

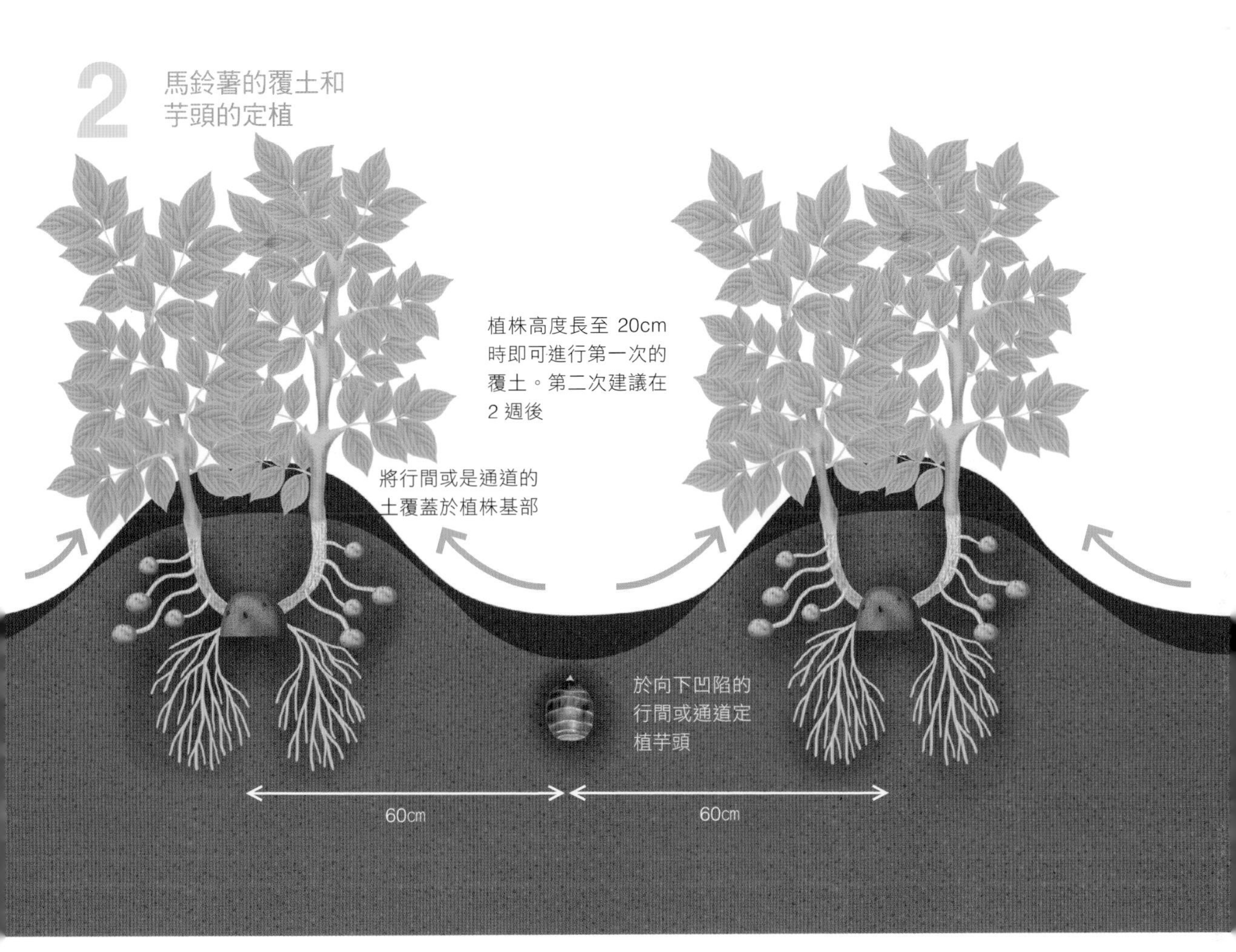
植株高度長至 20cm
時即可進行第一次的
覆土。第二次建議在
2 週後
將行間或是通道的
土覆蓋於植株基部
於向下凹陷的
行間或通道定
植芋頭
60cm
60cm

3 馬鈴薯的採收和芋頭的覆土

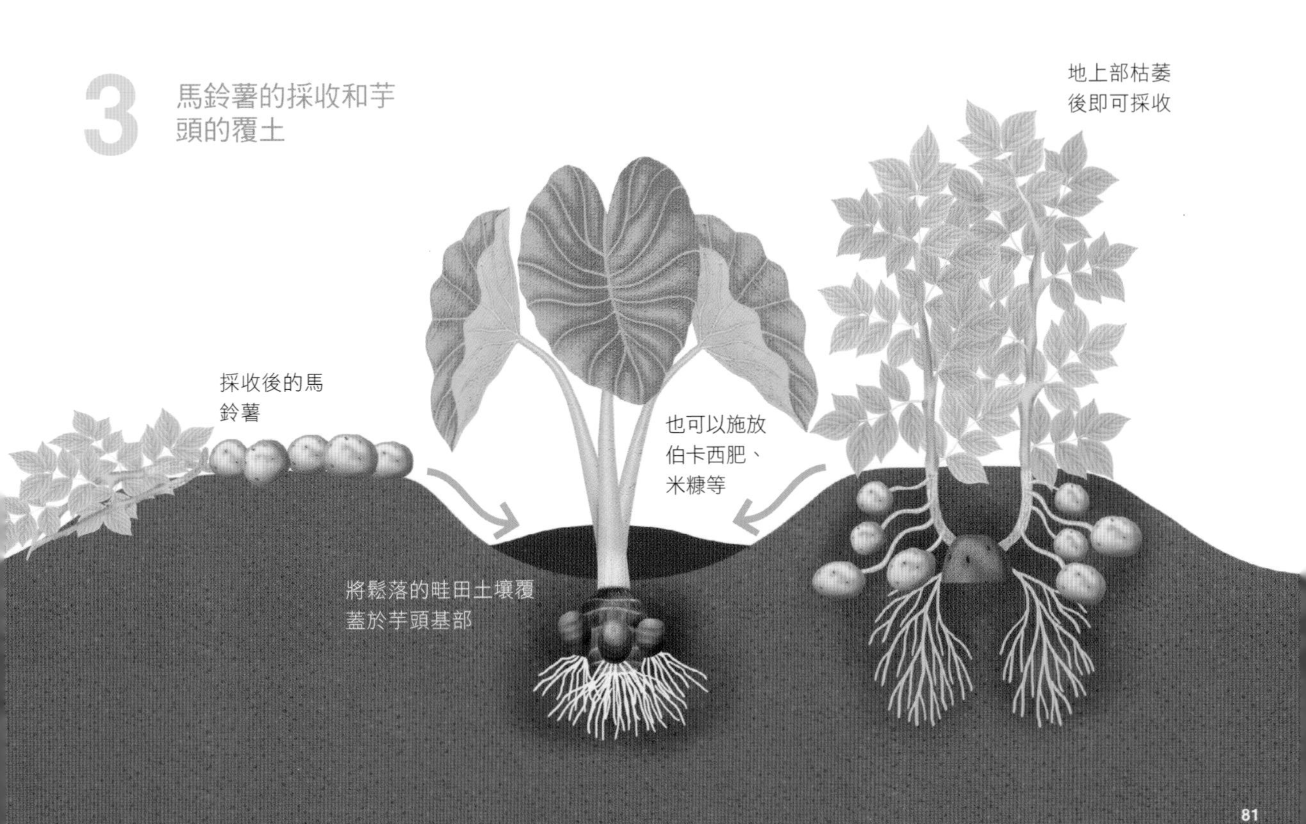
地上部枯萎
後即可採收
採收後的馬
鈴薯
也可以施放
伯卡西肥、
米糠等
將鬆落的畦田土壤覆
蓋於芋頭基部

馬鈴薯 × 紅藜、白藜

預防疾病

促進生長

迴避害蟲

活用田間長出的雜草
栽培出耐病害的植株

為了定植馬鈴薯而在 2 月下旬～3 月上旬耕土立畦時，田間就會長出春至夏季的雜草紅藜或是白藜。兩者皆為直根性，根系能伸長至土壤深處，葉片能覆蓋地面保濕，所以可以促進馬鈴薯的生長。還具有防止泥水彈起，減少疫病的效果。

還能抑制馬鈴薯病毒病的發生。病毒是由蚜蟲為媒介傳染，而紅藜或白藜就算遭到蚜蟲吸食汁液感染病毒，也只會使此部分的細胞壞死而已，並不會造成感染擴大。蚜蟲若不斷吸食汁液，就能減少本身的病毒而無毒化。之後就算移動到馬鈴薯吸食汁液，也不會有傳染病毒病的情況發生。

栽培程序

【挑選品種】不需要特別挑選品種。

【整土】於定植馬鈴薯幼苗 3 週前充分耕耘。如果不是特別貧瘠的土壤，則不需要施放堆肥或是基肥。

【馬鈴薯定植】將馬鈴薯肚臍部分切除，接著縱切成 40～60g 製作出種薯。靜置數天，待傷口乾燥後即可定植。將切口朝上「逆向定植」，能促進生長和收成量。

【摘芽】參閱 p.80。逆向定植通常會自篩選出生長勢較強的 2～3 個芽，所以不需要特別摘芽。

【馬鈴薯覆土】當植株高度生長至 20cm 時，可進行第一次的覆土。接著於 2 週後進行第二次的覆土。

【追肥】不需要進行追肥。

【馬鈴薯採收】當地上部枯萎時即可挖起採收。

重點

北海道的秋收馬鈴薯是採用傳統的羊蹄草草生栽培。可成為茄二十八星瓢蟲天敵的棲息場所，同時還能維持一定的土壤溫度及水分，促進馬鈴薯生長。羊蹄草含有豐富養分，因此當植株長高後即可修剪鋪在田間，以代替綠肥作用。

◎馬鈴薯的逆向定植

新芽會從下側長出，接著往上生長。由於受到適當的壓力，所以能提高抵抗性，較耐病蟲害以及氣候的變化

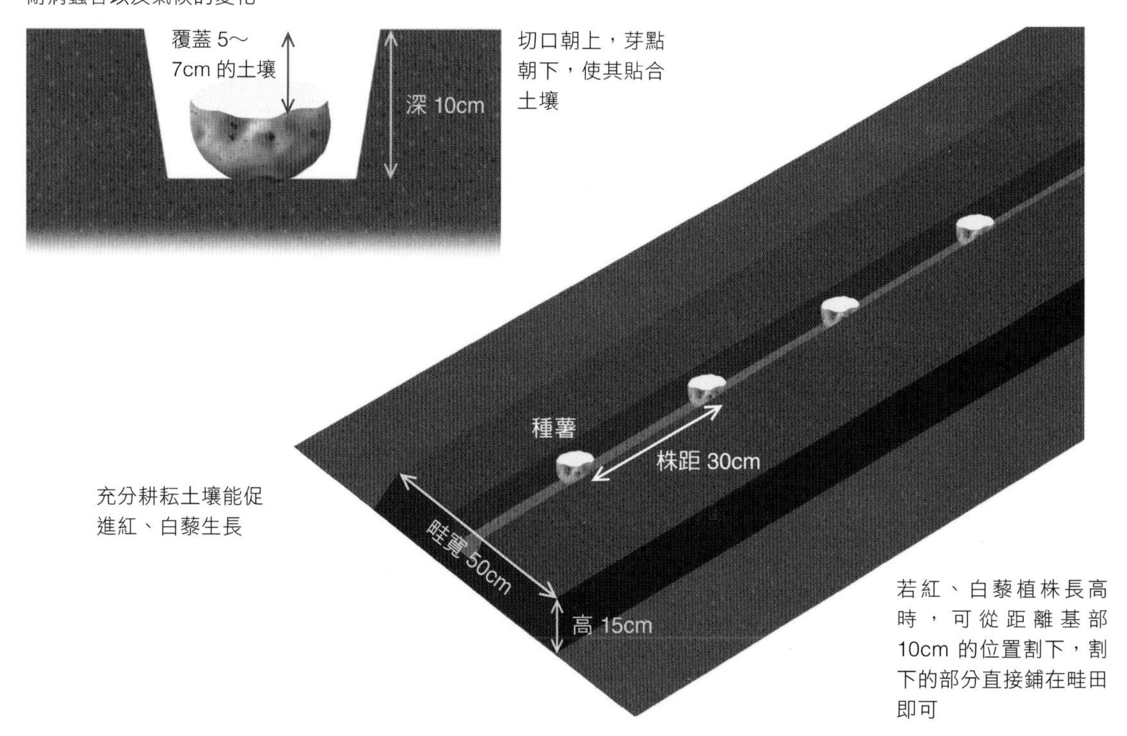

覆蓋 5～7cm 的土壤
深 10cm
切口朝上，芽點朝下，使其貼合土壤
種薯
株距 30cm
充分耕耘土壤能促進紅、白藜生長
畦寬 50cm
高 15cm
若紅、白藜植株長高時，可從距離基部 10cm 的位置割下，割下的部分直接鋪在畦田即可

秋季馬鈴薯 X 芹菜

活用空間

促進生長

在馬鈴薯行間的遮陰處栽培柔軟的芹菜

和馬鈴薯及芋頭的組合（p.80）一樣，是在馬鈴薯的行間多栽培一種其他蔬菜的方法。但不同的點在於這個組合並非「春季馬鈴薯」，而是適用於「秋季馬鈴薯」。秋季馬鈴薯通常是在 9 月上旬定植，11 月下旬～12 月中旬待地上部完全枯萎時採收。而芹菜可以在 7 月上旬～9 月上旬定植，採收時期則是為 11 月中旬～12 月中旬，正好吻合秋季馬鈴薯栽培期間。

芹菜的栽培訣竅是要水分豐富，而且要在遮陰的環境下使其稍微徒長生長。尤其是於栽培後半段藉由遮光，就能培育出葉柄偏白而且美味的芹菜。栽培於秋季馬鈴薯的行間，由於是太陽角度較低的時期，所以遮陰的時間長，行間的位置較低，所以水分也很豐富，可自然而然栽培出品質優良的芹菜。

栽培程序

【挑選品種】馬鈴薯可選擇「出島」、「安地斯紅」等適合秋季栽培的品種。芹菜不需要特別挑選品種。

【整土】於定植 3 週前充分耕耘立畦。不需要施放堆肥或是基肥。栽培芹菜的行間部分也事先耕耘。

【馬鈴薯定植】馬鈴薯的種薯為 40～60g。栽種秋季馬鈴薯時，若將種薯切開容易腐敗，因此直接將尺寸較小的種薯整棵栽種。芹菜則是定植於馬鈴薯的行間。

【馬鈴薯覆土】當植株高度生長至 20cm 時，可進行第一次的覆土。接著於 2 週後進行第二次的覆土。

【追肥】芹菜定植 1 個月後可施放少量的追肥。之後每 3 週施放一次追肥，能促進生長，栽培出稍微徒長的芹菜，使葉柄變得柔軟。

【採收】馬鈴薯的地上部枯萎時即可挖起採收。若持續低溫會讓馬鈴薯受傷，應多加注意。芹菜的高度生長至 30cm 時即可採收。可從基部切除整株採收，或是從伸長的外側葉片開始採收。

重點

容易乾燥時可於芹菜基部鋪上乾稻草。另外，芹菜的葉柄如果太過於翠綠，可用紙箱等覆蓋植株基部。

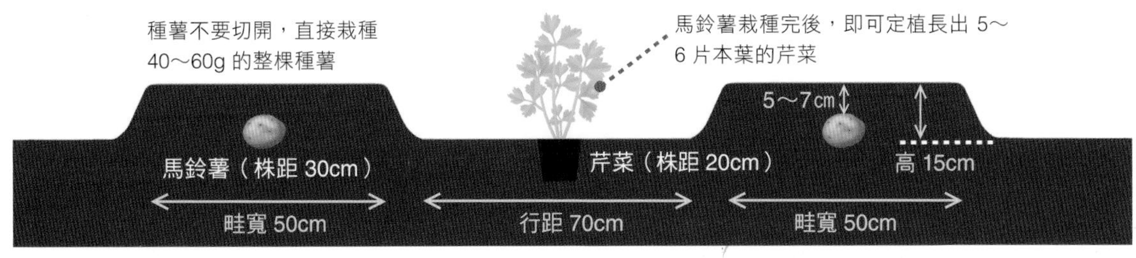
種薯不要切開，直接栽種
40～60g 的整棵種薯
馬鈴薯栽種完後，即可定植長出 5～6 片本葉的芹菜
5～7cm
馬鈴薯（株距 30cm）
芹菜（株距 20cm）
高 15cm
畦寬 50cm
行距 70cm
畦寬 50cm

能帶來這些效果

保持水分
由於芹菜栽種於較低的位置，所以能保持土壤的水分，徒長後植株偏軟且白色，葉柄變得柔軟
提供適度的遮陰
當馬鈴薯葉片伸展後，就能提供遮陰。秋至冬季的太陽角度較低，容易形成遮陰

芋頭X生薑

促進生長

活用空間

將喜愛水分的作物混植
提升收成量

芋頭和生薑的原產地都位於亞洲的熱帶地區，生長適溫為 25～30℃度高溫，而且偏好水分較多的場所。由於栽培期間幾乎相同，所以能在同一個畦田上定植，一起栽培。

在梅雨季高溫多濕的時期，芋頭的葉片會長大擴展，使周圍造成遮陰的環境。在東西向畦田中，事先將生薑定植於北側，梅雨季結束後就能藉由芋頭的葉片，避開強烈的日照，促進生薑生長。

另外，於南北向畦田栽培時，可在單獨栽種芋頭的植株之間定植生薑。芋頭和生薑除了不會互相競爭之外，相較於單獨栽培之下，混植反而較能增加收成量。

栽培程序

【挑選品種】芋頭和生薑都不需要特別挑選品種。

【整土】於定植 3 週前充分耕耘立畦。雖然兩種作物就算肥料含量少也能充分生長，不過有需要的話可施放成熟堆肥或是伯卡西肥。

【定植】適期為 4 月中旬～5 月中旬。芋頭應用種芋定植，並於種芋上方覆蓋 5～7cm 的土壤。將長新芽的那側朝下使用「逆向定植」，能促進生長旺盛，增加收成量。生薑定植於芋頭的植株之間。種薑應用手折成 50g 大小，並且將 3 個種薑集中定植。

【追肥、覆土】當芋頭的莖葉長出 3 片以及一個月後，可於畦田表面施放伯卡西肥或是米糠，並且稍微混合。於 5 月下旬～6 月中旬進行第一次的覆土。接著在一個月後再次進行覆土。梅雨季結束後，應儘早鋪乾稻草保濕土壤，避免乾燥。如果是「逆向定植」時，則不需要進行覆土。

【採收】芋頭應在 11 月上旬～中旬下霜之前採收。

重點

生薑可根據用途採收塊莖生薑或是葉生薑。就算提早採收也能繼續栽培芋頭。

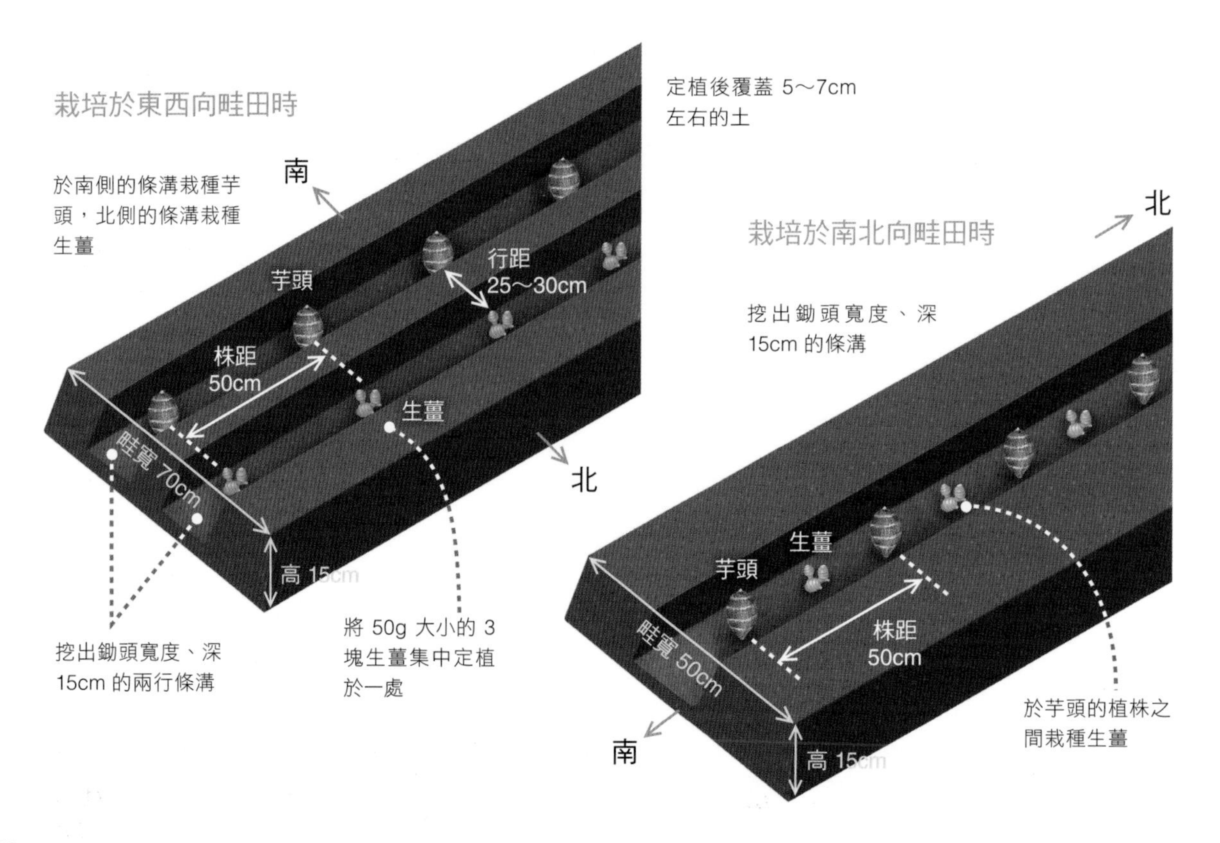
栽培於東西向畦田時
定植後覆蓋 5～7cm
左右的土
南
於南側的條溝栽種芋頭，北側的條溝栽種生薑
芋頭
行距
25～30cm
株距
50cm
生薑
畦寬 70cm
北
高 15cm
挖出鋤頭寬度、深15cm 的兩行條溝
將 50g 大小的 3 塊生薑集中定植於一處
北
栽培於南北向畦田時
挖出鋤頭寬度、深15cm 的條溝
生薑
芋頭
株距
50cm
畦寬 50cm
南
高 15cm
於芋頭的植株之間栽種生薑

能帶來這些效果

可為生薑
提供遮陰
藉由芋頭葉片帶來的遮陰效果，在炎夏也能保濕土壤，促進生薑生長
芋頭
生薑
兩者的根系都不太會往橫向伸展，所以不會互相競爭
兩者的食用部位都能充分生長，增加收成量

芋頭 X 白蘿蔔

活用空間　促進生長

利用芋頭的遮陰
採收寶貴的「夏季白蘿蔔」

白蘿蔔的栽培可分為 3 月下旬～4 月下旬播種，6 月下旬～7 月下旬採收的「春季白蘿蔔」，以及 8 月下旬～9 月下旬播種，10 月下旬～隔年 2 月採收的「秋季白蘿蔔」兩種。「夏季白蘿蔔」較少見的原因，是因為白蘿蔔的生長適溫為 20℃前後，一旦超過 25℃就會使生長遲緩，而且容易發生病蟲害。

利用芋頭的遮陰打造出涼爽的環境，就算在夏季也能栽培白蘿蔔。於芋頭第二次覆土結束的 6 月中旬～7 月中旬梅雨季，在芋頭的植株之間播下白蘿蔔的種子，當梅雨季結束後芋頭的莖葉長大擴展，就能提供充分的遮陰環境，到了 8 月中旬～9 月下旬就能採收寶貴的夏季白蘿蔔。

栽培程序

【挑選品種】芋頭不需要特別挑選品種。白蘿蔔建議選擇適合夏季栽培，耐病蟲害的品種。

【整土】於定植芋頭 3 週前充分耕耘立畦。雖然算肥料含量少也能充分生長，不過有需要的話可施放成熟堆肥或是伯卡西肥。

【定植】適期為 4 月中旬～5 月中旬。芋頭應用種芋定植，並於種芋上方覆蓋 5～7cm 的土壤。將長新芽的那側朝下使用「逆向定植」，能促進生長旺盛，增加收成量。

【芋頭的追肥、覆土】參閱 p.84。

【白蘿蔔播種】於 6 月中旬～7 月中旬栽種於芋頭的植株之間。為避免梅雨季結束時土壤過於乾燥，可鋪上乾稻草。

【白蘿蔔間拔】當白蘿蔔長出 1 片本葉時間拔至 3 株，長出 3～4 片本葉時間拔至 2 株，長出 6～7 片本葉時間拔至 1 株。

【採收】白蘿蔔於播種後 60～70 天採收。若太晚採收會造成蘿蔔龜裂，容易感染病害。芋頭應在 11 月上旬～中旬下霜之前採收。

重點

在東西向畦田栽培時，應於能受到芋頭遮陰的北側播下白蘿蔔種子。在南北向畦田栽培時，可於芋頭的植株之間或是東側播種。

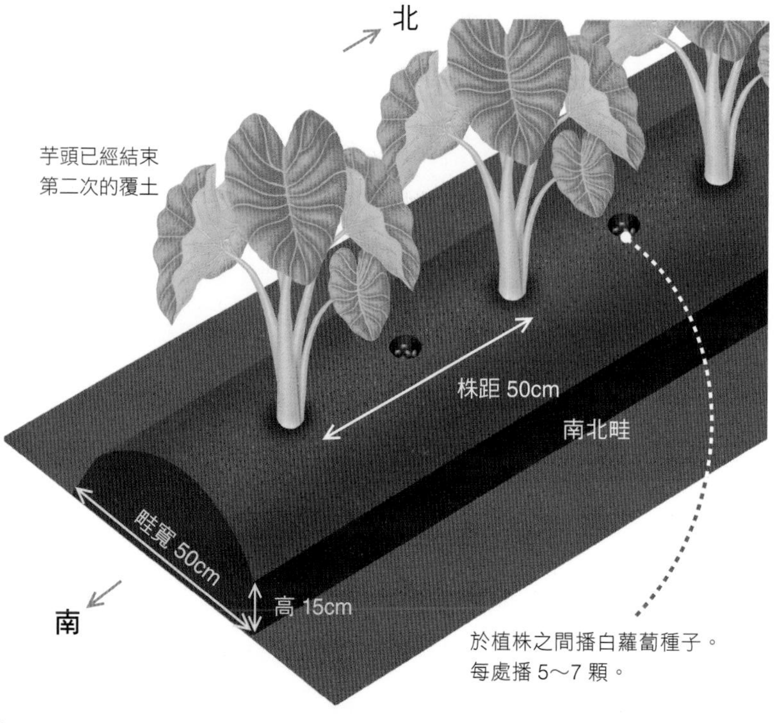
北
芋頭已經結束
第二次的覆土
株距 50cm
南北畦
畦寬 50cm
高 15cm
南
於植株之間播白蘿蔔種子。
每處播 5～7 顆。

◎白蘿蔔播種

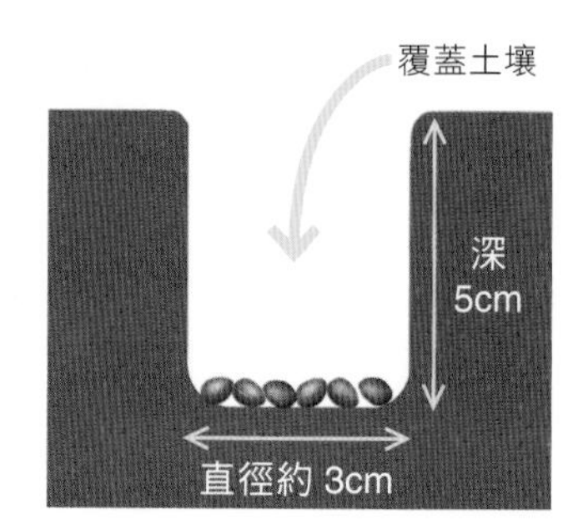
覆蓋土壤
深
5cm
直徑約 3cm

芋頭 X 芹菜

活用空間

迴避害蟲

促進生長

於植株之間栽種軟白蔬菜，同時幫助防治害蟲

如果單獨將芹菜栽種於田間，植株會橫向擴展，葉片和莖部為翠綠色，呈現出質地偏硬的狀態。栽培出美味芹菜的訣竅，是不能夠照射到強烈日光，避免乾燥，使其呈現在稍微徒長的狀態。生產者會在主要食用部位的葉柄覆蓋寒冷紗或是紙箱，栽培出偏白且柔軟的莖部。

較簡單的方法是將芹菜栽培於芋頭植株間的遮陰處。原理和芋頭及白蘿蔔（p.86）的栽培一樣，當芋頭莖葉長大後能提供遮陰，自然栽培出整棵直立的植株，葉柄部分也能變柔軟。

芹菜為繖形花科，具有強烈的香氣。同時也能藉由混植達到驅除芋頭害蟲的效果。

應用：芹菜可用洋香菜代替。洋香菜在稍微遮陰處比較不會變硬，還能減輕苦味，栽培出品質優良的洋香菜。

栽培程序

【挑選品種】芋頭和芹菜都不需要特別挑選品種。

【整土】參閱 p.84。

【芋頭的定植】參閱 p.84。

【芋頭的追肥、覆土】參閱 p.84。

【芹菜的定植、播種】芹菜可於芋頭覆土結束後的 7 月中旬～8 月中旬，栽種於芋頭的植株之間。可以直接使用市售的盆苗，若要自己育苗時，應於 5 月下旬～6 月下旬將種子浸泡於水中一整天，再用沾濕的紗布或是毛巾包起，放置於涼爽的遮陰處以促進發根。發芽後，長出 3 片本葉時即可定植。

【鋪稻草】芹菜定植後應鋪稻草保濕。

【採收】芹菜的植株高度生長至 30cm 以上即可採收。可從基部切除整株採收，或是從伸長的外側葉片開始採收。芋頭應在 11 月上旬～中旬下霜之前採收。

重點

若想栽培出全白的芹菜葉柄，可用紙箱等覆蓋植株基部。

能帶來這些效果

芹菜
北
畦寬 50cm
高 15cm
芋頭發芽開始長出葉片後，可於植株間定植長出 3 片葉的芹菜
株距 50cm
芋頭
南

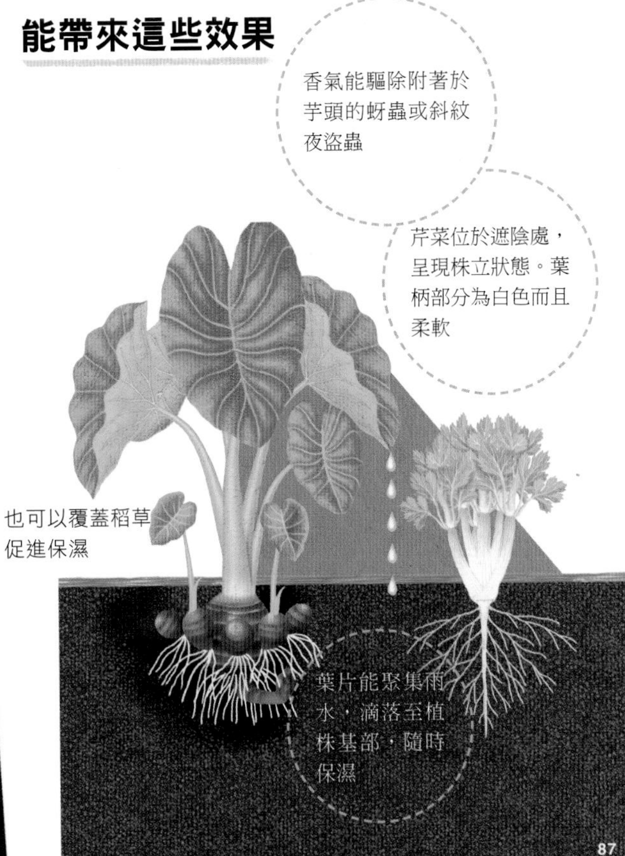
香氣能驅除附著於芋頭的蚜蟲或斜紋夜盜蟲
芹菜位於遮陰處，呈現株立狀態。葉柄部分為白色而且柔軟
也可以覆蓋稻草促進保濕
葉片能聚集雨水，滴落至植株基部，隨時保濕

草莓 X 大蒜

促進生長
預防疾病
迴避害蟲
活用空間

讓草莓提早開花
延長採收期間增加收成量

在草莓旁邊栽種大蒜，能為草莓帶來適當的壓力，栽培出偏向株立狀態的植株。在春天可從莖葉伸展的「營養生長」，促進轉變為開花結果時的「生殖生長」，和只栽培草莓相較之下，可提早 1～2 週開始開花，還能增加開花的數量，而收穫期延長的結果，也能採收到更多的果實。

大蒜的香味成分「大蒜素」具有殺菌作用，根部所共生的微生物會釋放抗生物質，因此能抑制草莓的病害（萎黃病、炭疽病、灰黴病等）。另外，也能避免草莓附著蚜蟲，減少以蚜蟲為媒介的病毒病，因此也有助於下一期的健康育苗。定植方法請參閱 p.89。

應用：大蒜可用大蔥代替。

栽培程序

【挑選品種】草莓和大蒜都不需要特別挑選品種。

【整土】於定植 3 週前施放成熟堆肥和伯卡西肥，接著充分耕耘。

【定植】於 9 月中旬～10 月下旬定植草莓苗。同時於草莓植株之間或是行間定植大蒜。

【追肥】於 11 月上旬和 2 月下旬分別施放一次伯卡西肥。

【採收】大蒜會於 4 月左右伸出花莖，因此可將其切下當作蒜苗使用。草莓可持續採收至 5 月上旬～6 月中旬。大蒜待地上部八成都枯萎時，即可整株挖起。

重點

草莓採收後就不會再繼續生長出匍匐莖。可將匍匐莖的前端固定於裝有介質的黑軟盆中，即可進行育苗，培育出下一期的子株。第 1 根子株容易傳染母株的病害，建議使用第 2 或第 3 根之後的苗株。在挖起大蒜的位置移植青蔥，和大蒜一樣能預防病害，栽培出健康的子株。

能帶來這些效果

大蒜

氣味成分大蒜素具有殺菌作用

草莓

能引起適當的競爭而成為刺激，可藉此提早 1～2 週開花結果實

藉由氣味驅除蚜蟲等害蟲

栽培出稍微直立的植株。能促進通風，預防病害發生

大蒜根部共生的微生物能分泌抗生物質，減少草莓的土壤病害

草莓×矮牽牛

促進生長

引誘訪花昆蟲前來 幫助授粉確實結果

草莓有時候會出現各種奇形怪狀的果實。這是因為雌蕊沒有充分附著花粉而引起的「授粉不良」。若想要確實授粉，培育出形狀漂亮的果實，也有在每次開花時用毛筆或是棉花棒等將花粉沾附於雌蕊這個方法，不過其實打造出蜜蜂等訪花昆蟲頻繁造訪的環境才是先決條件。

訪花昆蟲會受到花朵所散發的香氣及顏色而來訪。因此將花朵顏色鮮豔的矮牽牛（碧冬茄）栽培於草莓附近。矮牽牛剛好是在草莓開花的時期，不斷開出美麗鮮豔的花朵，所以能聚集訪花昆蟲前來。

應用：也可以用其他於春天開花，並且有訪花昆蟲之稱的草花及盆花代替矮牽牛。

栽培程序

【挑選品種】草莓不需要特別挑選品種。矮牽牛可直接使用市售盆苗較為方便。如果從種子開始栽培，並且要配合 4 月草莓開花時期的話，可於 9～10 月播種，保溫的同時使其過冬。

【整土】參閱 p.88。

【草莓的栽培】參閱 p.88。

【矮牽牛的定植】於 4 月上旬定植於草莓畦田中。若遇到寒風或晚霜會容易受傷，由於草莓的植株高度較高，在草莓的遮陰守護下意外地強健。

【採收】參閱 p.88。

重點

在泰國北部的草莓田會和香菜一起混植。將香菜於 10～11 月播種，並培育在室內等過冬，到了 3 月中旬就能定植。較溫暖的地區也可以直接在田間過冬。3～4 月的春季播種雖然趕不上草莓的開花時期，無法引誘訪花昆蟲前來，但是可藉由獨特的香氣驅除害蟲。

也可以將草莓、大蒜和矮牽牛一起栽種

將長出匍匐莖的部分面向畦田內側定植

定植於草莓的行間。如果只栽種一行的話，就定植於草莓的植株之間

大蒜

草莓

株距 40cm

行距 40cm

畦寬 70cm

高 20cm

矮牽牛

也可以栽種於畦田的兩側。可以和大蒜交互栽種，或是以每幾株草莓栽種一株的比例栽種（香菜也是一樣）

紫蘇 X 青紫蘇

迴避害蟲

藉由顏色和香氣的差異
驅除彼此的害蟲

在分類學上紫蘇和青紫蘇都是屬於荏胡麻的變種，雖然是非常近緣的物種，不過試著品嚐會發現味道和香氣都有些微的差異，料理的用途也不一樣。不可思議的是，紫蘇和青紫蘇的害蟲也都不同。雖然科學上仍未釐清原因，但是或許是害蟲會區分所偏好的香氣或顏色，自然而然避開嫌惡要素所致。因此將紫蘇和青紫蘇混植，就能抑制彼此的害蟲。

需要多加注意的是，由於兩者種源關係相近，所以在混植的狀態下開花時，很容易引起雜交。如果採種的話，下一代有可能栽培出紫綠混合而且混濁的葉片，而且香氣也會隨之減少。若要採種時應避免混植。

栽培程序

【挑選品種】不需要特別挑選品種。

【育苗】在育苗箱當中劃出淺溝，以 1cm 的株距進行條播，接著覆蓋一層薄薄的土。

【整土】於定植前 3 週混入成熟堆肥及伯卡西肥並充分耕耘。

【定植】長出 6 片本葉時定植。以行距 60cm 相鄰栽種。

【追肥、鋪稻草】當植株高度長至 20cm 時，可施放伯卡西肥和油粕。夏季可於植株基部鋪乾稻草，避免受到乾燥傷害。

【採收】長出 10 片本葉後即可從下側葉片開始採收。如果從頂部靠近生長點的柔軟葉片開始採收，會使生長不良。長出 7～8 片本葉時可進行摘心，促進側芽生長栽培出茂盛的植株，再慢慢採收柔軟的葉片。

重點

除了葉片之外，也可以摘取花穗或種子利用。如果讓種子隨意掉落很容易雜草化，要特別注意。

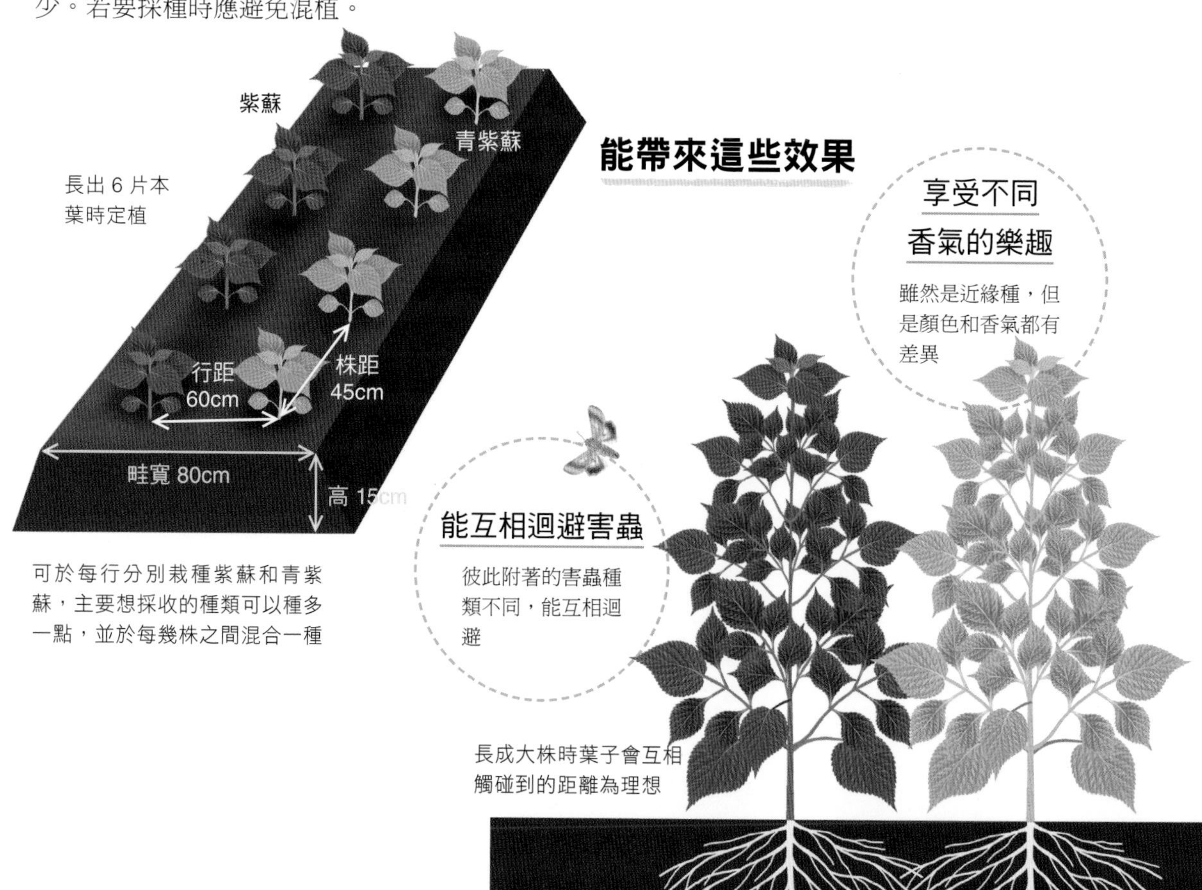
紫蘇
青紫蘇
長出 6 片本葉時定植
行距 60cm
株距 45cm
畦寬 80cm
高 15cm
可於每行分別栽種紫蘇和青紫蘇，主要想採收的種類可以種多一點，並於每幾株之間混合一種
能帶來這些效果
享受不同香氣的樂趣
雖然是近緣種，但是顏色和香氣都有差異
能互相迴避害蟲
彼此附著的害蟲種類不同，能互相迴避
長成大株時葉子會互相觸碰到的距離為理想

茗荷 X 迷迭香

活用空間

促進生長

不知道為什麼只有茗荷能在排外型的迷迭香基部生長

迷迭香是香氣強烈的繖形花科常綠灌木，可將前端的柔軟枝條剪下當作香草利用。直接栽培於地面數年後，植株高度會漸漸增加，呈現出茂密的灌木樣貌。由於迷迭香具有強烈的相剋作用（allelopathy），所以在植株基部的大範圍內，其他的植物都無法靠近，呈現出裸地的狀態。

不會受到相剋作用影響，恐怕也是唯一例外的植物就是茗荷（蘘荷）。在迷迭香基部栽種茗荷的種株，便會長出新芽伸展莖葉，毫不受到影響般地順利生長。雖然是科學上仍未找出原因的不可思議現象，不過就是因為兩者互相適合，所以在完全無法栽種其他植物的場所，能多栽種一種作物，這也可以說是能學習到共生植物基本的寶貴組合。

栽培程序

【挑選品種】茗荷、迷迭香都不需要特別挑選品種。

【整土】選擇在日照良好的位置栽培。排水、通風良好的場所為佳。於定植前 1 週以上事先耕耘。若田間土壤貧瘠的話，應混入成熟堆肥及伯卡西肥。

【迷迭香的栽培】可使用市售的盆苗，或是將正在栽培的迷迭香，從枝條前端剪下 7～8cm，以扦插方式繁殖。2～3 週後即可發根定植。定植適期為 4～6 月。當枝條伸長至 20cm 左右後，即可將前端修剪。雖然會長出側芽，這時候可隨時修剪順便採收。

【茗荷的栽培】定植的適期為 3 月中旬～4 月中旬。在迷迭香植株的基部，距離樹幹 20cm 的位置定植。茗荷偏好半日照，因此以能遮擋到夏季中午陽光的場所為佳。

【追肥】就算不施放肥料，兩者都能充分生長。

【鋪稻草】迷迭香喜好排水良好的場所，但是茗荷卻不耐乾燥。如果是容易乾燥的場所，應在茗荷周圍鋪乾稻草。

【採收】迷迭香可將新長出的柔軟枝條前端剪下利用。茗荷第一年應在秋天採收，第二年之後可於夏季採收茗荷花利用。

重點

迷迭香植株會逐漸長大，所以茗荷的栽培滿 3 年後可將整株挖起，重新移植到稍微外側的部分栽種。

能帶來這些效果

迷迭香
茗荷
通常在迷迭香周圍不會長出任何植物
10cm
20cm
於距離基部 20cm 位置栽種數棵茗荷
植株會慢慢生長變大

能抵抗相剋作用

茗荷對於迷迭香的相剋作用帶有抵抗能力

在植株基部生長良好

對於偏好半日照的茗荷而言，迷迭香的周圍是非常適合生長的環境

column
3

天敵溫存植物、屏障作物、邊界作物的運用方法

調整田間整體的環境、保持生物多樣性、讓蔬菜和果樹能更順利生長的方法之一，就是天敵溫存植物（banker plants）、屏障作物（barrier plants）和邊界作物（border plants）的運用。
這些植物在廣義上也可以視為共生植物。

從提供天敵棲息場所到驅蟲、驅除動物、擋風

馬齒玉米、高粱、岩蘭草、向日葵、菽麻、燕麥、金蓮花、萬壽菊、大波斯菊等都是生長旺盛的植物，作物害蟲的天敵（蜘蛛、螳螂、瓢蟲、草蛉、捕植蟎、花蝽、蚜繭蜂、食蚜蠅等）能在這些植物上繁殖，成為田間栽培蔬菜的天敵供給來源。

將生長後植株高度會增加的馬齒玉米、高粱、岩蘭草、向日葵等栽種於田間周圍，可成為防止害蟲從外側入侵的屏障，栽種於上風或下風處也能阻擋強風。香草類中的迷迭香或是薰衣草也能當作邊界作物利用。能藉由獨特香氣驅除害蟲，同時也可以藉由花朵聚集蜂蜜等訪花昆蟲，有助於小黃瓜、南瓜、秋葵、草莓等作物的授粉。

另外，還有運用於阻擋有害動物的植物。將紅花石蒜、水仙等栽種於田間或是水稻田周圍當作屏障作物，由於球根部分帶有毒性，所以能防止土撥鼠及老鼠的入侵。

天敵溫存植物的種類和所帶來的效果

天敵溫存植物	所帶來的效果
紅車軸草（紅三葉草）	增加白粉病菌的寄生菌
燕麥	增加各種天敵
車前草	增加白粉病菌的寄生菌
紫花酢醬草	增加葉蟎的天敵
酢醬草	增加葉蟎的天敵
荒野豌豆	增加蚜蟲、葉蟎的天敵
羊蹄草	增加茄二十八星瓢蟲的天敵
萱草	增加介殼蟲的天敵
敗醬花	增加蚜蟲、葉蟎、薊馬的天敵
絳車軸草	增加薊馬、蚜蟲的天敵
大波斯菊	增加各種天敵。吸引訪花昆蟲前來
白三葉草	增加夜盜蛾的天敵
高粱	增加各種天敵
麥類	增加各種天敵。增加白粉病菌的寄生菌
萬壽菊	增加各種天敵。吸引訪花昆蟲前來
菽麻	增加各種天敵
向日葵	增加各種天敵。吸引訪花昆蟲前來
艾草	增加蚜蟲、葉蟎、薊馬的天敵
玉米	增加各種天敵
馬齒玉米	增加各種天敵
薰衣草	增加各種天敵。吸引訪花昆蟲前來
迷迭香	增加各種天敵。吸引訪花昆蟲前來
莓果類	增加各種天敵

天敵溫存植物、屏障作物的栽培實例

青椒×高粱

於青椒旁邊栽種高粱作為屏障作物的實際案例。高粱能防止外來害蟲入侵，同時還能成為天敵的棲息場所，防止青椒的葉蟎等害蟲

南瓜×馬齒玉米

在開闊的場所栽種植株高度較高的馬齒玉米，能帶來擋風的效果。和甜玉米相較之下栽培天數較長，因此能長期間擔任屏障的作用

大白菜×燕麥

在大白菜的畦田之間栽種燕麥的實例。可成為天敵的棲息場所，減少大白菜的害蟲。同時還能減少根腐病的病原菌

●將燕麥應用為天敵溫存植物

成為天敵的棲息場所
雖然害蟲也會前來，但是天敵同時也會增加，並且捕食會對蔬菜有害的害蟲

土壤保濕
葉片擴展為地面遮陰，避免土地乾燥

預防十字花科病害
能分泌叫做燕麥素（皂素的一種）的抗菌物質，防止十字花科作物的土壤病害——根腐病

作為綠肥應用
到了秋季會枯萎並且覆蓋地面。根系的量也非常多，能為土壤補充大量的有機物，有助於整土

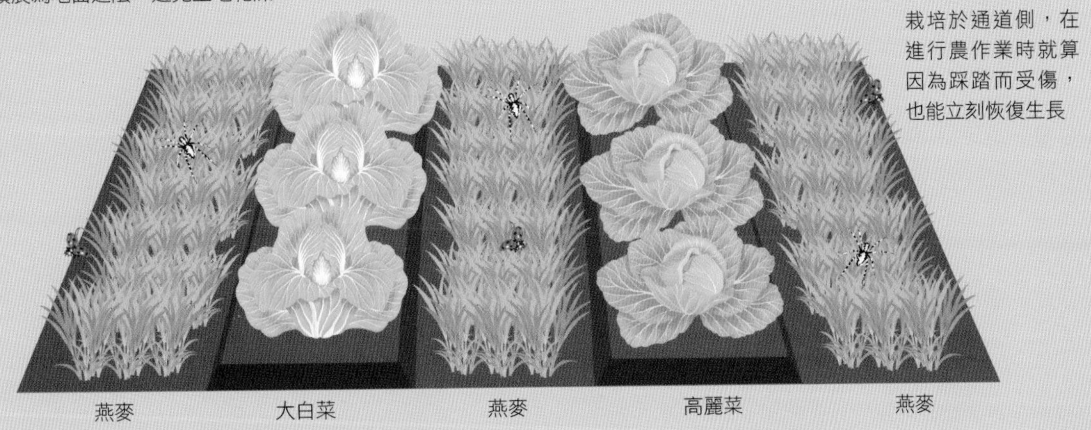
栽培於通道側，在進行農作業時就算因為踩踏而受傷，也能立刻恢復生長
燕麥
大白菜
燕麥
高麗菜
燕麥

●將高粱應用為屏障作物

栽種 3～4 行
也可以圍繞整個田間

避免害蟲入侵
由於植株高度較高，因此能避免椿象、金龜子、夜盜蛾入侵農田

成為天敵的棲息場所
雖然害蟲也會前來，但是天敵同時也會增加，並且捕食會對蔬菜有害的害蟲

具有擋風作用
栽種於上風及下風處可阻擋強風

作為綠肥應用
枯萎後可剪成小段埋入土中，增加土壤中的有機物

上風處
雖然會擋到光線，不過選擇耐陰性的蔬菜就能生長良好
茄子應遠離高粱，才能確保充足日照
下風處
高粱
高麗菜
茄子
小松菜
高粱

將薰衣草應用為邊界作物

驅蟲作用
栽種於上風和下風處，能讓整個田間籠罩香氣，帶來驅蟲作用

增加天敵
生長茂密的植株可成為天敵的棲息場所，減少蔬菜的害蟲

聚集訪花昆蟲
能聚集為採取花蜜前來的蜜蜂等昆蟲。這些訪花昆蟲同時也能進行果菜類的授粉

上風處
下風處
薰衣草
茄子
小黃瓜
番茄
薰衣草

將向日葵應用為邊界作物

驅蟲作用、擋風作用
大型品種的向日葵能作為屏障作用，達到驅蟲、擋風的效果。同時也能增加天敵

花朵能聚集害蟲和益蟲
能吸引訪花昆蟲前來，幫助蔬菜授粉。能聚集薊馬和艷金龜等害蟲，減輕蔬菜的危害情況

能溶解土壤中的磷酸
根部能溶解土壤中的難溶性磷酸，轉換成其他植物容易吸收的狀態，有助於肥料的削減

茄子
青椒
毛豆
向日葵

輪流栽種的共生植物

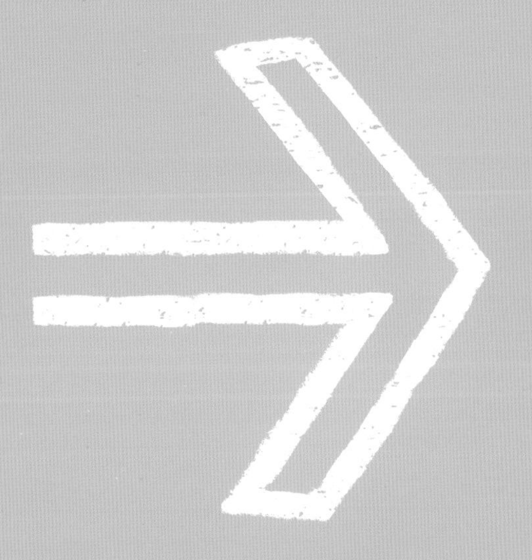

[接力栽培]

於此章節中介紹在某個蔬菜之後，適合栽培另一種蔬菜這種「前作・後作」適合搭配的組合。藉由這些組合，後一作甚至不需要整土，或是能防止病蟲害及連作障礙等，是非常有效率的栽培方法。

毛豆 ⇒ 大白菜

促進生長

在毛豆栽培後的肥沃土壤 種植吸肥量大的結球蔬菜

毛豆的根部和根瘤菌共生並產生根瘤，能將空氣中的氮氣固定成養分利用。根瘤會在一定的期間內從根部脫落分解，為田間帶來豐富的養分。

因此在後一作的蔬菜通常能生長良好，而其中最推薦的就是需要較多肥料的大白菜。將早生品種的毛豆在 4 月下旬～5 中旬播種，到了 7 月中旬～8 月中旬就能採收。可將毛豆的根部和部分地上部鏟入土壤中立畦，放置 2～3 週使其分解。

大白菜在定植後能吸收豐富的養分，促進初期生長使葉片長大，同時也能促進結球。

應用：除了大白菜之外，也可以應用於十字花科所有蔬菜的接力栽培。

栽培程序

【挑選品種】毛豆選擇早生～中生品種。晚生品種會來不及在定植大白菜之前採收。大白菜不需要特別挑選品種。

【毛豆的栽培】參閱 p.42～45。採收時從基部整棵切下，留下根部。枝條或葉片的殘渣可留在田間。

【接力栽培時的整土】毛豆採收後，將根部或殘渣鏟入田間立畦。由於是夏季的高溫時期，所以根部和殘渣大約 2 週就能分解，使土壤微生物趨於安定，不過到定植白菜之前拉開 3 週的時間比較安全。

【大白菜的定植】大白菜於 8 月下旬之前播種於黑軟盆中育苗。定植時期為 9 月中旬～下旬。

【追肥】觀察大白菜的生長情況，若有需要的話再施放伯卡西肥等追肥。

【採收】毛豆豆莢中的豆子膨大後即可採收。大白菜試著按壓看看頂部，如果呈現結實的狀態即可從基部切下採收。

重點

當毛豆的根部和殘渣確實分解，並且轉換成白菜喜好的硝酸態氮時，大白菜就能充分吸收生長。栽種高麗菜或是青花菜時，也能分解、吸收尚未完全成熟的有機物，所以可以將毛豆根部直接留在土壤內，不需耕耘直接定植幼苗也能充分生長。

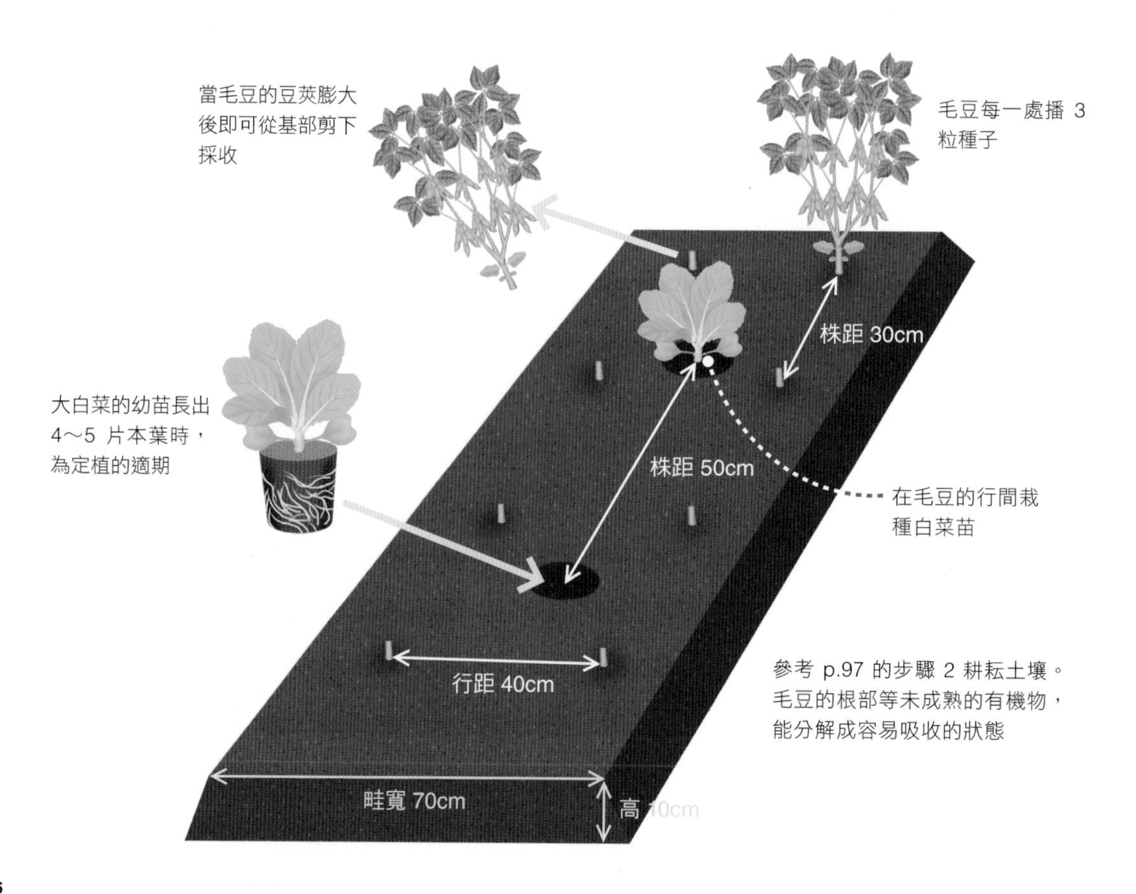
當毛豆的豆莢膨大
後即可從基部剪下
採收
毛豆每一處播 3
粒種子
株距 30cm
大白菜的幼苗長出
4～5 片本葉時，
為定植的適期
株距 50cm
在毛豆的行間栽
種白菜苗
行距 40cm
參考 p.97 的步驟 2 耕耘土壤。
毛豆的根部等未成熟的有機物，
能分解成容易吸收的狀態
畦寬 70cm
高 10cm

1 毛豆的採收
7 月中旬～8 月中旬

採收時從基部整棵切下，留下根系即可。也可以去除多餘的葉片和莖部，並且留在田間即可

根瘤中的根瘤菌和根系共生，能將空氣中的氮固定成養分（銨態氮）

根瘤菌會附著在新的根系上。老舊的根瘤會脫落，為土壤帶來豐富的養分

2 大白菜的整土
8 月下旬～9 月上旬
（定植幼苗 3 週前）

用鋤頭稍微耕耘 10～15cm 深的程度，將毛豆根系和殘渣鏟入土壤中，促進分解

根系較深的部分保留原樣也沒關係。會慢慢分解，並且成為大白菜根部的通道

3 大白菜的定植
9 月中旬～下旬

若外側葉片的生長不良，可於 10 月中旬及 11 月上旬在植株周圍施放伯卡西肥

微生物會瞬間增加，分解毛豆根部等有機物，經過 2～3 週後就能大致分解完成，微生物相也變得安定。呈現於養分容易為大白菜利用的狀態

4 大白菜的採收
11 月下旬～

大片的外側葉片能進行光合作用，葉片的數量增加，就能促進結球

有機物充分分解，使大白菜確實利用養分

毛豆→紅蘿蔔、白蘿蔔

促進生長

不需施放堆肥的接力栽培。栽培出表面平滑的根菜類

紅蘿蔔或白蘿蔔等根菜類與毛豆非常相合，可說是從過去傳統農家就會栽種的「接力栽培」常見組合。

紅蘿蔔和白蘿蔔都只要少量的肥料就能充分生長。雖然栽培前需要充分耕耘整土，但是這時候如果施放過多的堆肥或是肥料，尚未成熟的有機物或是肥料的團塊就會殘留於土壤中，成為裂根或是根部表面髒污受損的原因。

如果是前一作栽培毛豆的場所，就能藉由根瘤菌的作用使田間肥沃，不需要另外施放基肥、堆肥等肥料。將毛豆連根拔起後耕耘，再播下紅蘿蔔或是白蘿蔔的種子，就能生長良好，同時採收到表面平滑細緻、品質優良的根菜。

應用：也可以應用於根菜類的牛蒡。

栽培程序

【挑選品種】毛豆選擇早生～中生品種。紅蘿蔔應選擇大小比「五寸紅蘿蔔」還小的短根品種。夏季較早播種的長根品種較難以接力栽培。白蘿蔔不需要特別挑選品種。

【毛豆的栽培】參閱 p.42～45。採收時連根拔起。

【接力栽培時的整土】毛豆採收後，不需要施放堆肥或基肥直接翻土。栽培白蘿蔔的場所應將土翻深一點。

【紅蘿蔔、白蘿蔔的播種】整土後經過 3 週即可播種。紅蘿蔔於淺溝中散播，覆蓋一層薄薄的土後，再用腳踩踏使種子貼合土壤。白蘿蔔使用點播，於每一處播 5～7 粒種子即可。

【間拔】紅蘿蔔植株高度長至 4～5cm 時，可間拔至株距 5～6cm。當根部直徑長至 5mm 時，則間拔至株距 10～12cm。白蘿蔔長出 1 片本葉時，可間拔至 3 株，長出 3～4 片本葉時可間拔至 2 株，6～7 片本葉時可間拔至 1 株。

【追肥】不需施放追肥。

【採收】從肥碩的根菜開始採收。白蘿蔔應於 1 月底之前採收完畢。若種植太久會出現白色的筋。紅蘿蔔可採收至 3 月上旬。

重點

白蘿蔔為十字花科，紅蘿蔔為繖形花科。由於兩者害蟲各異，所以混植後能帶來害蟲迴避效果。一般而言，紅蘿蔔於 7 月下旬～9 月中旬播種，而白蘿蔔在 8 月下旬～9 月下旬播種，但是若為接力栽培時，可從 8 月下旬開始播種即可。也可以先栽種紅蘿蔔，不過若在 9 月上旬和白蘿蔔同時播種，可提高害蟲的迴避效果。

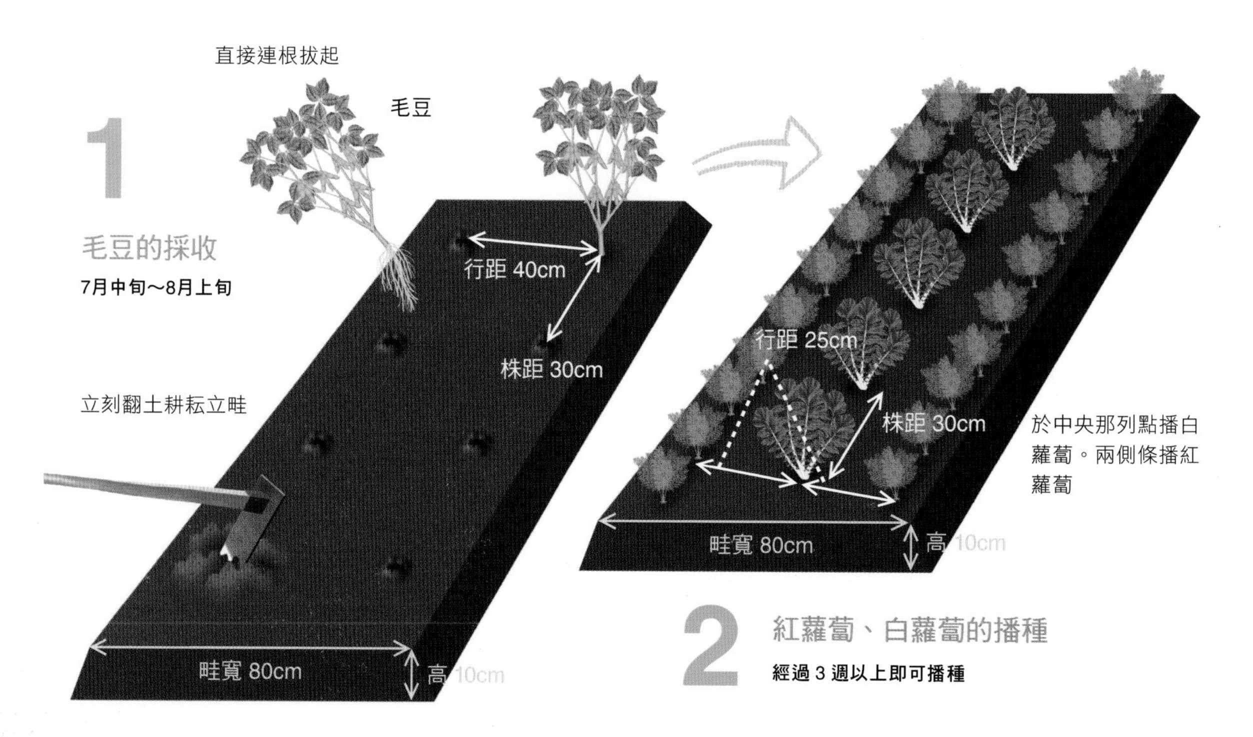
直接連根拔起
毛豆
1
毛豆的採收
7月中旬～8月上旬
行距 40cm
株距 30cm
立刻翻土耕耘立畦
畦寬 80cm
高 10cm
行距 25cm
株距 30cm
於中央那列點播白蘿蔔。兩側條播紅蘿蔔
畦寬 80cm
高 10cm
2
紅蘿蔔、白蘿蔔的播種
經過 3 週以上即可播種

西瓜 → 菠菜

促進生長

在西瓜根系深入土壤內部的田間栽種深根類型的蔬菜

西瓜根部有往土壤深處伸展的特性。原產地位於非洲沙漠至熱帶草原。雖然氣候高溫乾燥，卻能藉由吸收力強的根部收集地下的水分，長出水分充沛的果實。

根部是所謂天然的耕耘機。當根部深入土壤深處後，下一期的作物根部也能順利伸展至深處。利用這個特性，在西瓜的後一作同樣栽種深根類型的菠菜。土壤中殘留的西瓜根系會隨著時間分解，成為空氣和水的通道，使菠菜根系順利伸展，栽培中耐病害的強健植株，也能提升風味。

應用：菠菜也可以替代為根系較長的紅蘿蔔、白蘿蔔、沙拉牛蒡等。

1

栽培西瓜

株距 90cm

四個角落的「鞍形」畦

畦寬 50cm

高 20cm

將高畦整平，再立出一般的畦田

菠菜的播種 2

8 月下旬～9 月下旬（立畦 3 週後）

行距 15cm

間拔成株距 6～8cm

畦寬 70cm

高 10cm

栽培程序

【挑選品種】西瓜和菠菜都不需要特別挑選品種。。

【西瓜的栽培】參閱 p.32～33。

【接力栽培時的整土】西瓜的採收期為 8 月上旬～中旬。採收後清除枝蔓和葉片，施放成熟堆肥及伯卡西肥，再將畦田表面稍微整平。

【菠菜的播種】整土後經過 3 週即可播種，不過下霜後採收才能栽培出美味的菠菜，所以建議在 9 月中旬～下旬播種。種子應使用條播。

【間拔、追肥】菠菜於 1 片本葉時可間拔至 3～4cm，植株高度長至 5～6cm 時，可間拔至 6～8cm。第二次的間拔可在行間施放伯卡西肥。

【採收】西瓜苗若在 5 月上旬～中旬定植，則可在 7 月中旬～8 月上旬採收，若於 5 月上旬直接播種於田間，則是在 8 月上旬～9 月上旬採收。菠菜的植株高度生長至 25～30cm 時即可採收。若要使其遇到寒冷天氣增加甜度，可在 12 月上旬～隔年 2 月採收。

重點

西瓜的畦田較高，所以採收後的整土應將畦田表面整平，再立出一般畦田的高度。畦田高度可以偏低，或是有 10cm 的高度即可。

能帶來這些效果

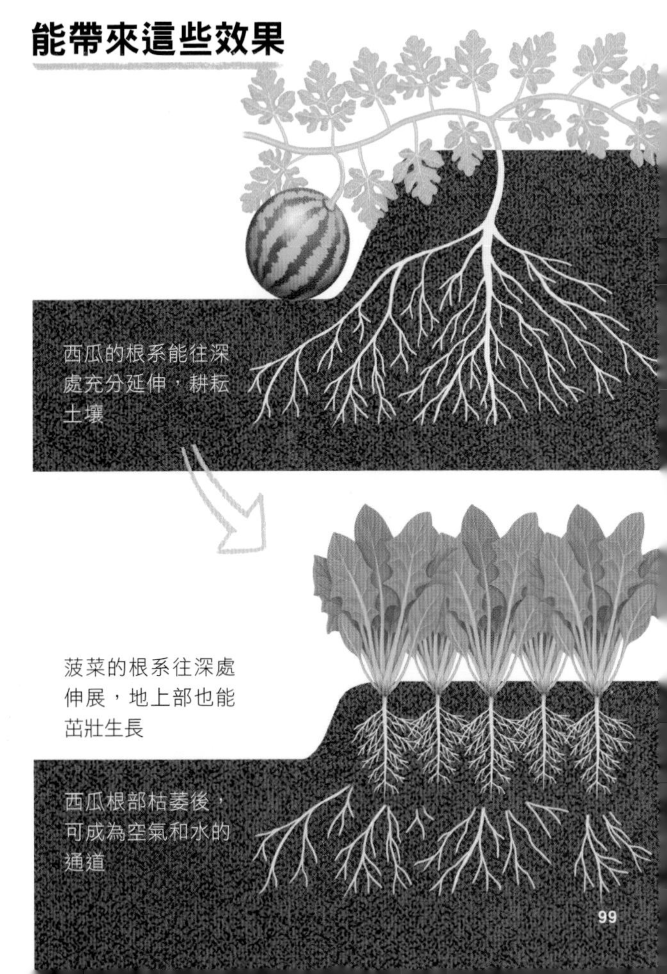
西瓜的根系能往深處充分延伸，耕耘土壤
菠菜的根系往深處伸展，地上部也能茁壯生長
西瓜根部枯萎後，可成為空氣和水的通道

番茄→青江菜

迴避害蟲

促進生長

避免切根蟲的危害
從種子也能順利栽培

是於 8 月採收結束的番茄後一作，栽種葉菜類秋季蔬菜的方法。尤其建議選擇容易遭到切根蟲危害的青江菜等十字花科蔬菜。切根蟲是蕪菁夜蛾等蛾類的幼蟲，會在白天潛入土壤中，到了晚上食害地上或地際部位，嚴重時甚至會將整株啃食殆盡。

蕪菁夜蛾會在蔬菜或是雜草的基部產卵，但是不知道為什麼在番茄附近卻不太會產卵。另外，番茄具有強烈的「相剋作用」，會排除其他的植物，在植株基部幾乎不會長出雜草，因此也無法讓蕪菁夜蛾產卵。結果就能讓栽培番茄後的畦田，減少切根蟲的危害。

應用：也能應用於和青江菜同樣用種子栽培的小松菜、水菜、蕪菁、茼蒿、菠菜等。

栽培程序

【挑選品種】番茄適合栽培無法栽培至秋天的大顆品種。青江菜不需要特別挑選品種。

【番茄的栽培】參閱 p.14～15。如果遇到高溫會使授粉不易，所以應於 8 月上旬～中旬之前採收果實，整理植株。

【接力栽培時的整土】去除較大型的根部，翻土立畦。如果番茄生長況狀不佳時，可施放成熟堆肥或是伯卡西肥。

【青江菜的播種】整土後經過 3 週以上，即可於 9 月上旬～下旬播種。可於每一處播 3～4 粒進行點播或條播。

【間拔、追肥】長出 1～2 片本葉時，即可間拔至 1 株。如果是條播的話，在本葉 1～2 片間拔至株距 5～6cm，本葉 3～4 片間拔至株距 10～12cm。在同樣的位置施放油粕或伯卡西肥等追肥。

【採收】青江菜基部膨大呈現厚度時，即可採收。參考期間為播種後 55～65 天。

重點

要注意若太早開始青江菜的栽培，會容易遭到紋白蝶或小葉蛾幼蟲的危害。

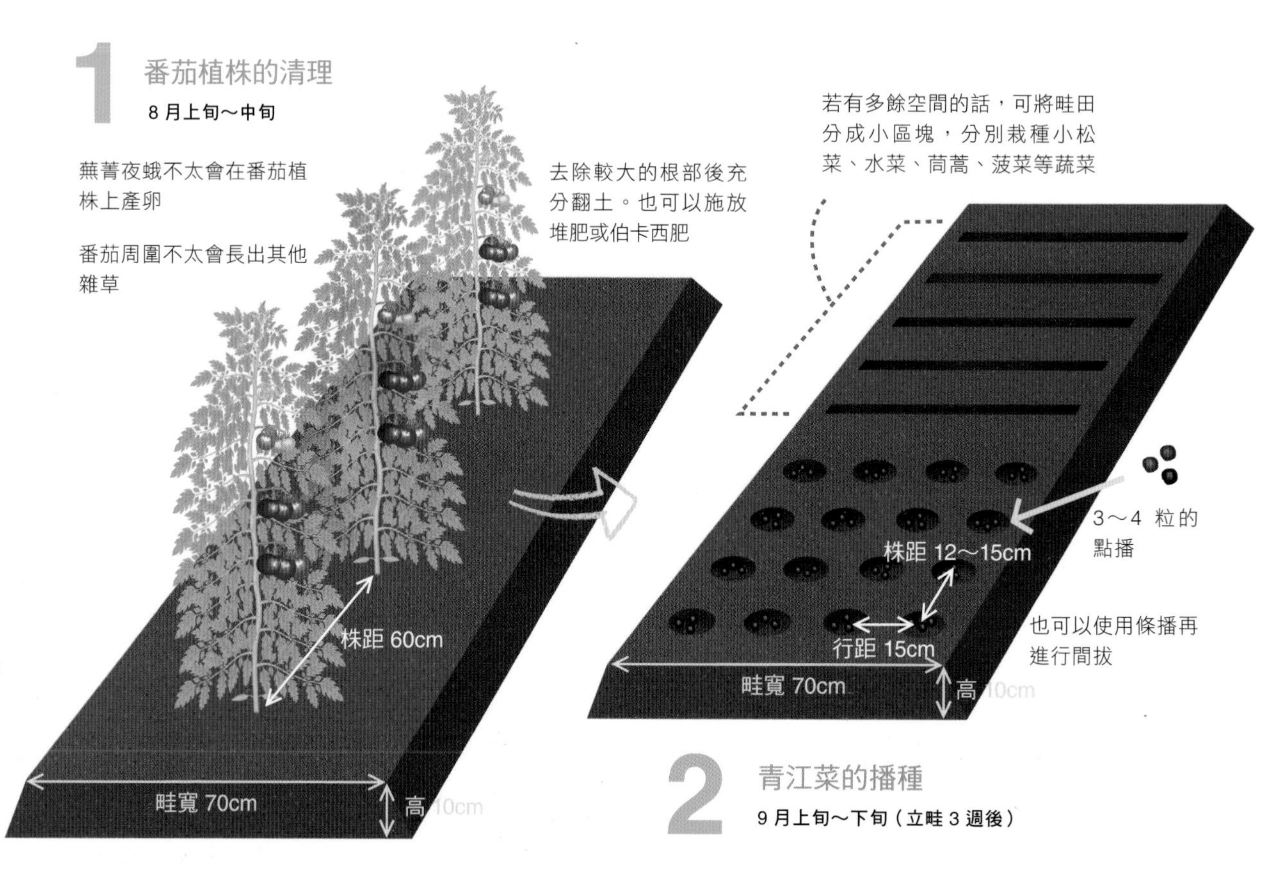
1
番茄植株的清理
8 月上旬～中旬
蕪菁夜蛾不太會在番茄植株上產卵
番茄周圍不太會長出其他雜草
去除較大的根部後充分翻土。也可以施放堆肥或伯卡西肥
株距 60cm
畦寬 70cm
高 10cm
若有多餘空間的話，可將畦田分成小區塊，分別栽種小松菜、水菜、茼蒿、菠菜等蔬菜
3～4 粒的點播
株距 12～15cm
行距 15cm
也可以使用條播再進行間拔
畦寬 70cm
高 10cm
2
青江菜的播種
9 月上旬～下旬（立畦 3 週後）

小黃瓜 → 大蒜

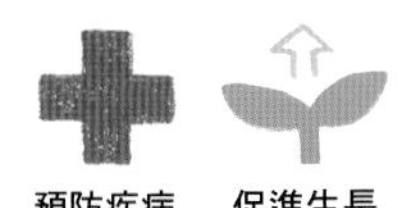

預防疾病
促進生長

由於根圈微生物不同，因此不容易產生病害

小黃瓜根系較淺而廣，經常會將乾稻草等代替覆蓋物利用，採收後將植株乾淨翻土耕耘，經常會讓土壤殘留較多的未成熟有機物。

而蔥類作物則能充分利用這些未成熟有機物分解後的養分。將 9～10 月開始栽培的大蒜，於小黃瓜之後栽種於田間。小黃瓜為雙子葉植物，大蒜則是單子葉植物，根系所附著的微生物相異，就算持續栽培也不會增加土壤中的病原菌，維持在少量的狀態。還能抑制大蒜特有的病害──乾腐病、春腐病、黑腐菌核病等土壤病害。

應用：也能應用於和大蒜一樣於 9 月定植的麗韭、冬蔥、細香蔥等。

小黃瓜植株整理 1

8 月上旬～中旬

到了炎夏，下側葉片逐漸枯萎，而且長出許多彎曲的果實即可清除植株，將小黃瓜的畦田耕耘整土

栽種兩行時，可立起合掌型的支架

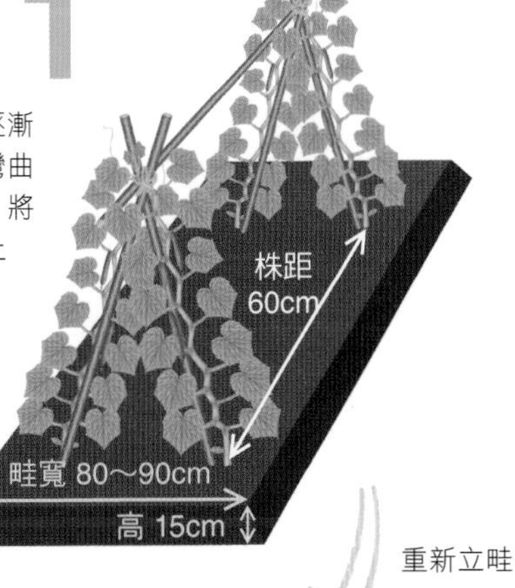

株距
60cm
畦寬 80～90cm
高 15cm

重新立畦

2 定植大蒜

種球剝成小片，將每一小片以深 5～8cm 定植。若將薄皮剝除以光滑的狀態栽種，能促進發芽，生長旺盛

株距 10～15cm

行距 30cm

畦寬 70cm

高 10cm

栽培程序

【挑選品種】小黃瓜不需要特別挑選品種。大蒜應選擇適合寒冷地區、溫暖地區的品種。

【番茄的栽培】參閱 p.24～27。到了 8 月會因為高溫而使葉片受傷，生長遲緩，因此應於上旬～中旬採收完成，整理植株。

【接力栽培時的整土】於大蒜定植 3 週前耕耘土壤立畦。若小黃瓜生長狀況不佳時，可施放成熟堆肥和伯卡西肥後再立畦。

【大蒜的定植】將大蒜的種球剝開，將每一片定植於土中。深度為 5～8cm 程度。

【追肥】當葉片生長至 30cm 左右時，可於周圍施放米糠或是伯卡西肥，並與土壤攪拌。接著於一個月後再次施放相同的追肥。

【摘心】到了春天會長出花莖。若放任不管雖然不會影響到大蒜莖部的肥大，但是也可以剪下當作蒜苗利用。

【採收】當地上部的 8 成枯萎後，可於晴天挖起大蒜。將葉和根部切除，放置於田間 2～3 天使其乾燥。接著綁成一束，在屋簷下或是日陰但通風良好的位置保存。

重點

也可以在大蒜之後栽種秋季採收的小黃瓜。和大蒜根部共生的微生物會分泌出抗生物質，可藉此抑制小黃瓜的蔓割病等土壤病害。

能帶來這些效果

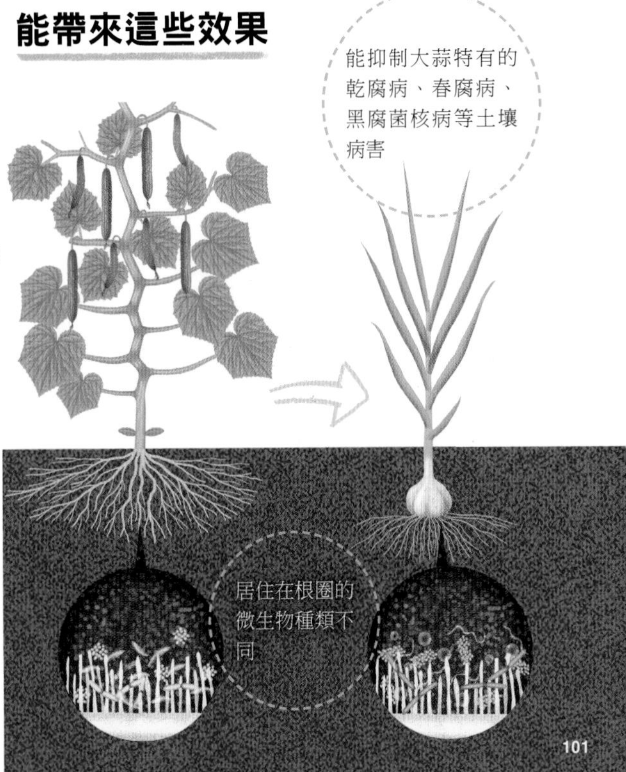

能抑制大蒜特有的乾腐病、春腐病、黑腐菌核病等土壤病害
居住在根圈的微生物種類不同

青椒→菠菜、結球萵苣

活用空間

促進生長

將青椒當作防寒作物
於寒冬中採收蔬菜

和茄子及白蘿蔔（參閱 p.19）一樣，是活用青椒植株基部多餘空間的方法。青椒的根系比茄子更淺而廣，因此若栽培淺根型蔬菜，有可能會引起競爭。因此混植的話適合栽培深根型蔬菜，而且比起白蘿蔔、高麗菜等大型蔬菜，更適合尺寸較小的菠菜、結球萵苣等葉菜類。

另外還有一個特徵，就是青椒比茄子更耐寒。只要沒有遇到強烈的霜害，到了隔年 1 月都不會落葉，而且還能採收果實。所以就能用秋播栽種比較耐寒的菠菜和結球萵苣。青椒可以幫助阻擋寒風和霜，到了寒冬也能採收蔬菜。

應用：青椒可用獅子頭辣椒、辣椒等替代。菠菜及結球萵苣可替換為塌菜、高菜、芥菜、山葵菜等葉菜類應用。

栽培程序

【挑選品種】青椒、菠菜和結球萵苣都不需要特別挑選品種。

【青椒的栽培】參閱 p.22～23。

【菠菜的播種】於 8 月下旬～10 月上旬之前，在青椒的植株之間距離 25～30cm 的位置進行條播。

【結球萵苣的定植】於 8 月下旬～10 月上旬之前，在青椒的植株之間距離 25～30cm 的位置定植。

【追肥】青椒至 11 月為止每 2～3 週施放一次追肥，施放量為一個拳頭的伯卡西肥即可。菠菜和結球萵苣可利用此養分，所以不需要另外施放追肥。

【採收】青椒長大後即可採收。到了 1 月植株會枯萎。菠菜、結球萵苣可在 2 月之前依序採收。結球萵苣遇到強霜會讓葉片受傷，因此可視天候變化，有必要時蓋上寒冷紗等防寒。

重點

青椒就算到了晚秋後，能採收的果實變少，也不要剪斷或拔除，訣竅在於應盡量保留葉片。寒流較早來訪的年份可為青椒蓋上寒冷紗或不織布，同時也能幫助菠菜或結球萵苣防寒。

菠菜的播種、
結球萵苣的定植方法

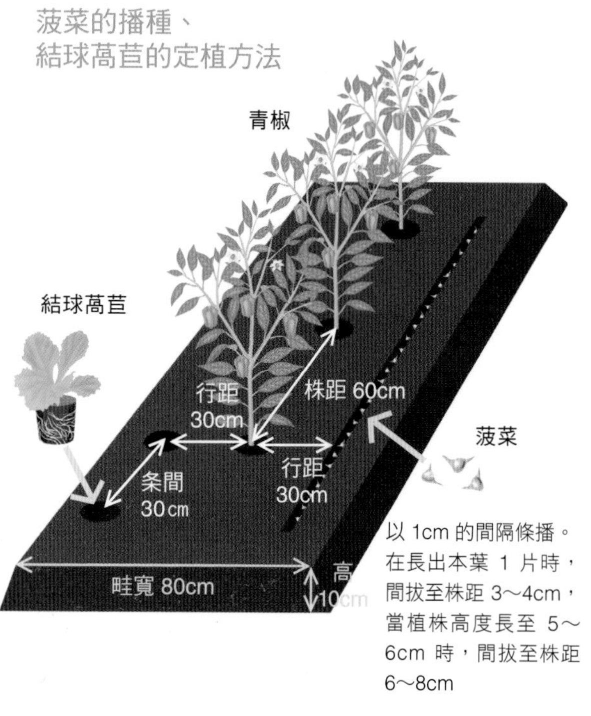
青椒
結球萵苣
行距
30cm
株距 60cm
菠菜
條間
30cm
行距
30cm
畦寬 80cm
高
10cm
以 1cm 的間隔條播。在長出本葉 1 片時，間拔至株距 3～4cm，當植株高度長至 5～6cm 時，間拔至株距 6～8cm

能帶來這些效果

雖然到了 1 月葉片會開始受傷，但是可以為菠菜及結球萵苣阻擋寒風及霜害
菠菜到了 12 月時，葉片會以放射狀展開生長，因此可為青椒的植株基部保溫

白蘿蔔 → 高麗菜

預防疾病

減少根腐病菌
使高麗菜確實結球

造成高麗菜嚴重危害的病害之一就是根腐病。根腐病是只發生於十字花科植物的病害。高麗菜的栽培期間長，若感染根腐病會在途中生長衰弱，無法結球，因此會造成嚴重的危害。根腐病菌非常棘手，一旦增加便會以休眠孢子的形式長年潛伏於土壤中，所以間隔 5 年的接力栽培也難以發揮效果。

因此在前一作栽種白蘿蔔。白蘿蔔也是十字花科，所以能讓休眠的根腐病菌停止休眠，聚集病菌侵入側根，結果就能避免病菌增殖，使其死滅。也就是說，將白蘿蔔當作誘餌，清除土壤中的根腐病菌。

應用：高麗菜也可以替代為大白菜、青花菜、花椰菜、青江菜、蕪菁等。

栽培程序

【**挑選品種**】雖然不需要特別挑選品種，但是在根瘤病危害嚴重的田間，高麗菜可選擇抗病性品種（CR 品種）栽培。

【**白蘿蔔的栽培**】參閱 p.72。

【**接力栽培時的整土**】於高麗菜苗定植 3 週前，稍微整平白蘿蔔田，施放成熟堆肥和伯卡西肥後耕耘立畦。

【**高麗菜的定植**】長出 4～5 片本葉時即可定植。一般株距為 40～50cm，不過也可以用 30cm 的密植採收較小顆的高麗菜。

【**追肥、覆土**】高麗菜定植 3 週後，即可施放一個拳頭量的伯卡西肥，並進行覆土。開始結球後，再次施放一個拳頭量的伯卡西肥。

【**採收**】白蘿蔔若為春播夏收時，根據不同品種的適期採收即可。若太晚採收會長出白色的筋，而且容易裂開。當高麗菜結球時試著按壓頂部，若變硬即可採收。

重點

根腐病危害嚴重時，可在採收白蘿蔔後的孔穴定植高麗菜。若需要肥料的話，可於周圍施加追肥。另外也有密植白蘿蔔採收葉片，徹底清除根瘤病菌的方法。

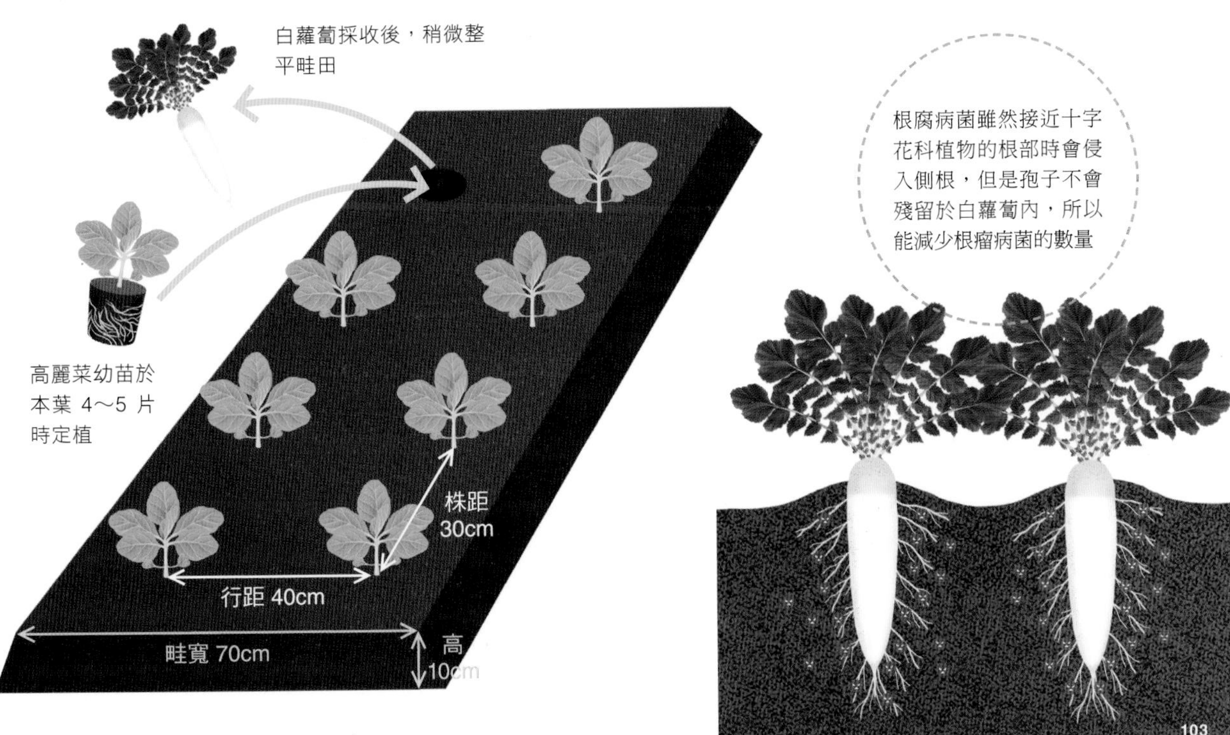
白蘿蔔的採收和
高麗菜幼苗的定植
白蘿蔔採收後，稍微整平畦田
高麗菜幼苗於本葉 4～5 片時定植
株距 30cm
行距 40cm
畦寬 70cm
高 10cm
能帶來這些效果
根腐病菌雖然接近十字花科植物的根部時會侵入側根，但是孢子不會殘留於白蘿蔔內，所以能減少根瘤病菌的數量

白蘿蔔→地瓜

促進生長

將養分少也能生長的蔬菜加以組合，提升品質

地瓜如果肥料施放過量，會造成只生長枝蔓而不會使地瓜變大的情況。地瓜的前一作適合栽種不會殘留過多肥料的作物。在這部分，白蘿蔔如果在整土時施放尚未成熟的堆肥或是基肥，就會讓表面不平整或是裂根，栽培時基本上不施用肥料，所以也不用擔心肥料殘留。

在每年以此組合進行連作，能讓土壤中未成熟的有機物減少，使白蘿蔔的表面平滑、質地細嫩，而且還能減少辣味和苦味。地瓜也不會引起枝蔓生長過盛，栽培出粗大而且鮮甜的高品質地瓜。

栽培程序

【挑選品種】白蘿蔔適合選用不容易抽花苔的春播品種。地瓜不需要特別挑選品種。

【白蘿蔔的栽培】參閱 p.72。

【接力栽培時的整土】白蘿蔔採收後，不需要施放堆肥或基肥直接耕耘立畦。

【地瓜的栽培】參閱 p.78。應在 7 月上旬之前定植。

【採收】春播的白蘿蔔可於 70～80 天後採收。若太晚採收會長出白色的筋，而且容易裂開。地瓜可於定植後 110～120 天採收，應於下初霜前採收完畢。

重點

冬季的有機物分解較緩慢。將地瓜挖起來後，應儘早翻土耕耘，促進殘留的根部等有機物分解。初霜較早的地區應提早栽培地瓜。必要時可立起隧道網或鋪上覆蓋物，就能提早在 3 月中旬開始栽培白蘿蔔。

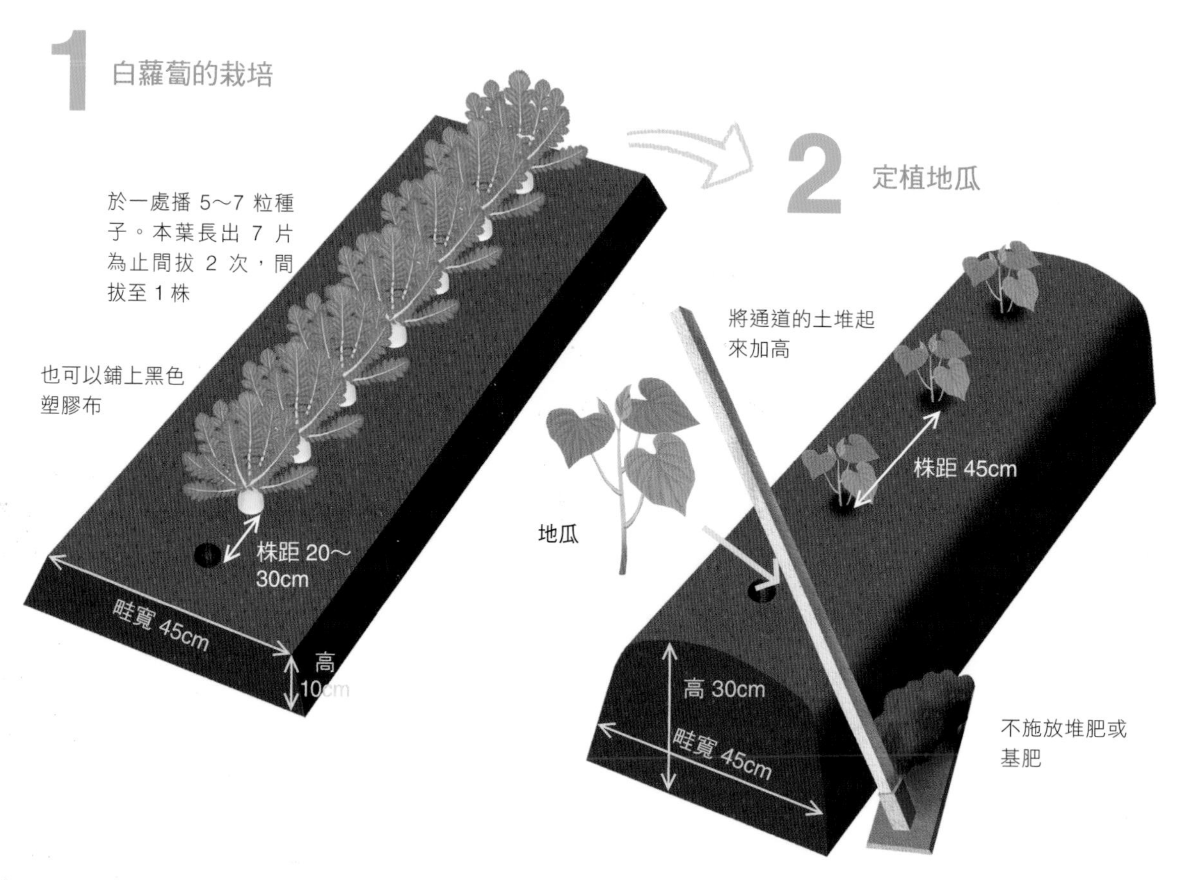
1 白蘿蔔的栽培
於一處播 5～7 粒種子。本葉長出 7 片為止間拔 2 次，間拔至 1 株
也可以鋪上黑色塑膠布
株距 20～30cm
畦寬 45cm
高 10cm
2 定植地瓜
將通道的土堆起來加高
地瓜
株距 45cm
高 30cm
畦寬 45cm
不施放堆肥或基肥

大蒜 → 秋葵

促進生長
預防疾病

利用大蒜的根系痕跡和殘肥，栽培出茁壯的秋葵

大蒜在蔥屬作物中可以算是深根型作物。採收整株挖起時，大蒜的球莖會和根系分離，大部分的根系都殘留在土壤中。另一方面，秋葵屬於直根類型，在生長初期根系若能確實往深處發展，就能促進之後的生長。

在大蒜採收後栽培秋葵，可利用大蒜根系的痕跡，使秋葵根系往土壤深處伸長。另外，大蒜在採收後通常會殘留許多未利用的有機物或肥料，所以栽培秋葵時不需要施放基肥，直接播種也能使秋葵生長良好。

應用：和 p.106、107 的洋蔥一樣，在大蒜之後也能栽種南瓜、匍匐性小黃瓜、秋季茄子、菠菜等。

栽培程序

【挑選品種】大蒜和秋葵都不需要特別挑選品種。

【大蒜的栽培】參閱 p.101。

【接力栽培時的整土】大蒜採收後可直接利用畦田。不需要施放堆肥或基肥。

【秋葵的播種】比起 1 株栽培，更適合在同一處播 4～5 粒種子，並且間拔至 3～4 株，除了讓根系互助之外，也能藉由競爭促進根系往深處發展。就能避免採收到過於稀疏、過長或是過硬的果莢。

【追肥】當莖部開始伸長時，可於每 3 週一次施放一個拳頭量的伯卡西肥。

【採收】秋葵果莢長至 6～7cm 時即可採收。

重點

秋葵播種適期為 5 月上旬～6 月上旬，因此也可以在大蒜採收之前播種秋葵。這時候可利用大蒜的行間，在秋葵長出 2～3 片本葉前採收大蒜。

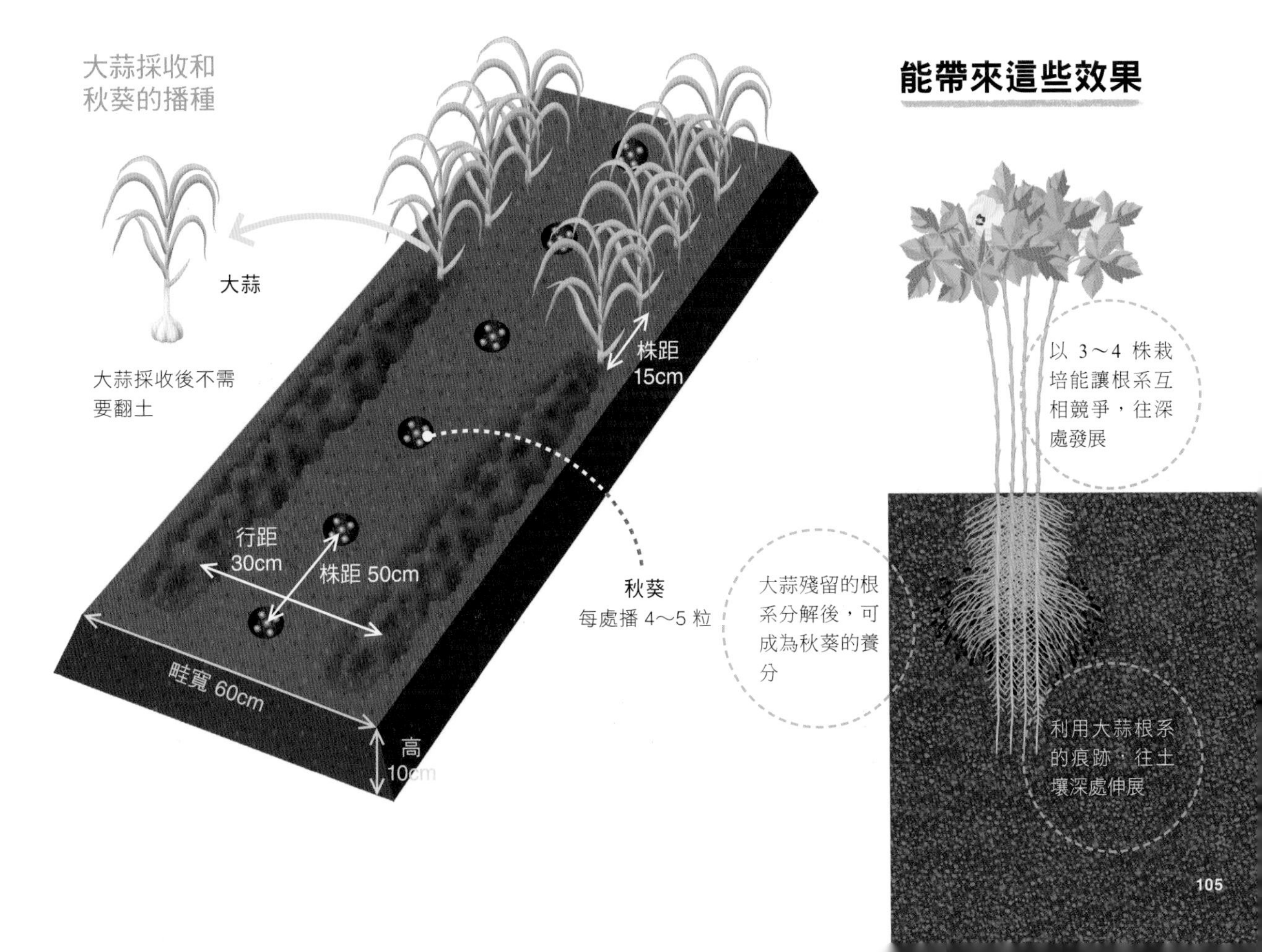
大蒜採收和
秋葵的播種
大蒜
大蒜採收後不需要翻土
株距 15cm
行距 30cm
株距 50cm
畦寬 60cm
高 10cm
秋葵
每處播 4～5 粒
能帶來這些效果
以 3～4 株栽培能讓根系互相競爭，往深處發展
大蒜殘留的根系分解後，可成為秋葵的養分
利用大蒜根系的痕跡，往土壤深處伸展

洋蔥 → 南瓜

預防疾病

促進生長

活用空間

不閒置田間
利用殘肥栽培

洋蔥的採收時期雖然會因品種而異，不過大多都是在 5～6 月左右。不閒置田間，在洋蔥採收前定植南瓜苗。

在 p.30 南瓜和大蔥的混植，是將南瓜栽種於根系能和大蔥彼此觸碰到的位置，如此一來就能藉由大蔥根部共生的細菌分泌抗生物質，減少南瓜的土壤病菌。於前一作栽種和大蔥同樣是蔥屬的洋蔥，就能事先減少土壤病原菌的密度。

南瓜能自然生長於河堤，原本就不太需要肥料。而洋蔥的栽培容易殘留多量的肥料，所以就算省去整土的步驟直接定植南瓜，也能使南瓜生長良好。

應用：也可以應用於 6 月播種的匍匐性小黃瓜或苦瓜。

栽培程序

【挑選品種】洋蔥和南瓜都不需要特別挑選品種。比起晚生品種，早生品種的洋蔥能較早採收，容易輪替至南瓜的栽培。

【洋蔥的栽培】參閱 p.64～65。不過南瓜會擴展生長，所以栽培需要一定的面積。應事先計劃好再開始洋蔥的栽培。

【南瓜的定植】不需整土，提早將預計栽培南瓜位置的洋蔥採收，立刻定植苗株。在長出新根之前，可用塑膠布在南瓜植株周圍圍成四方形，阻擋強風促進生長。

【摘心】當子蔓長出 2～3 條時，可將母蔓的前端摘心。

【追肥】不需要施放追肥。

【採收】南瓜的雌花開花經過 50 天左右即可採收。

重點

洋蔥的採收時期根據品種而異，應仔細調查後，看準時機進行南瓜的育苗或是購買苗株。就算栽培極早生品種的洋蔥而提早採收時，也不需要翻土整地，可以直接定植南瓜苗。

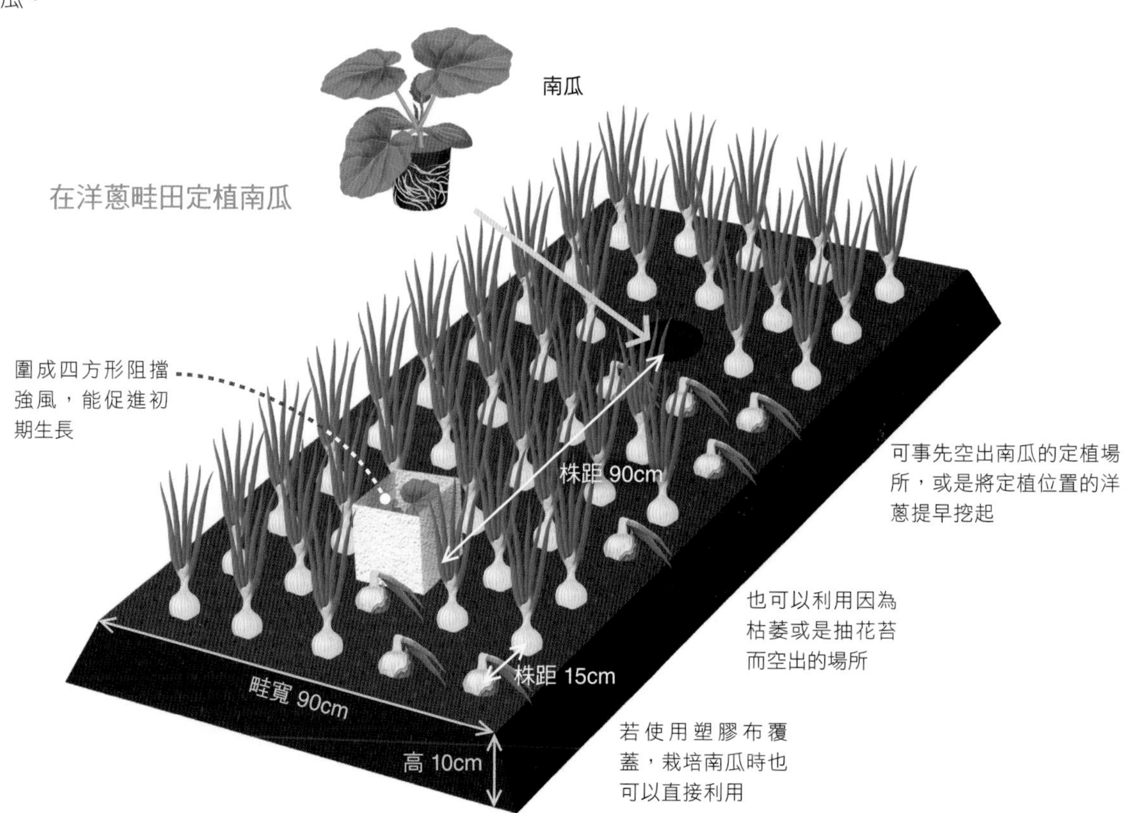
南瓜
在洋蔥畦田定植南瓜
圍成四方形阻擋強風，能促進初期生長
株距 90cm
可事先空出南瓜的定植場所，或是將定植位置的洋蔥提早挖起
也可以利用因為枯萎或是抽花苔而空出的場所
株距 15cm
畦寬 90cm
高 10cm
若使用塑膠布覆蓋，栽培南瓜時也可以直接利用

洋蔥 → 秋收茄子

預防疾病
促進生長

不需擔心病害 藉由連作栽培秋收茄子

採收美味秋季茄子的方法可大致區分為兩種。常見的方法是將 4 月下旬～5 月上旬定植的植株持續採收，到了炎夏植株就會變得疲軟。因此可在 8 月上旬藉由修短枝條、修剪根系等更新修剪，促進生長勢繼續採收秋季茄子。

另一種方法是在 5 月上旬～中旬播種。將育成的苗株於 6 月中旬～下旬定植，就能以年輕植株的狀態渡過夏天，採收秋季茄子。這時候只要在洋蔥採收後立刻整土，就能順利轉換為秋季茄子的栽培。

和 p.106 一樣，洋蔥根部附著的細菌所釋放的抗生物質，能減少半身委凋病等病原菌，所以不需要擔心病害。

應用：在洋蔥的後一作也可以栽種菠菜。由於病原菌（鐮孢菌）會減少，所以能抑制夏季容易發生的立枯病。

栽培程序

【挑選品種】洋蔥和茄子都不需要特別挑選品種。洋蔥建議使用早生～中生的品種。茄子若使用晚生品種較容易栽培。

【接力栽培時的整土】洋蔥採收後，可施放成熟堆肥和伯卡西肥耕耘立畦。

【定植】整土後 2～3 週即可定植茄子。

【利用覆蓋物】茄子不喜歡乾燥，所以在梅雨季結束的 7 月中旬之前可鋪上乾稻草等覆蓋物。也可以在定植時覆蓋塑膠布。

【追肥】為促進茄子生長，可於每半個月在畦田表面施放一把伯卡西肥。

【採收】茄子果實成熟後即可依序採收。應在下霜之前採收完畢。

重點

茄子應在 10 月下旬～11 月上旬將植株整理乾淨，在整土後於 11 月下旬定植洋蔥，就能交互進行連作。

能帶來這些效果

秋季茄子的定植

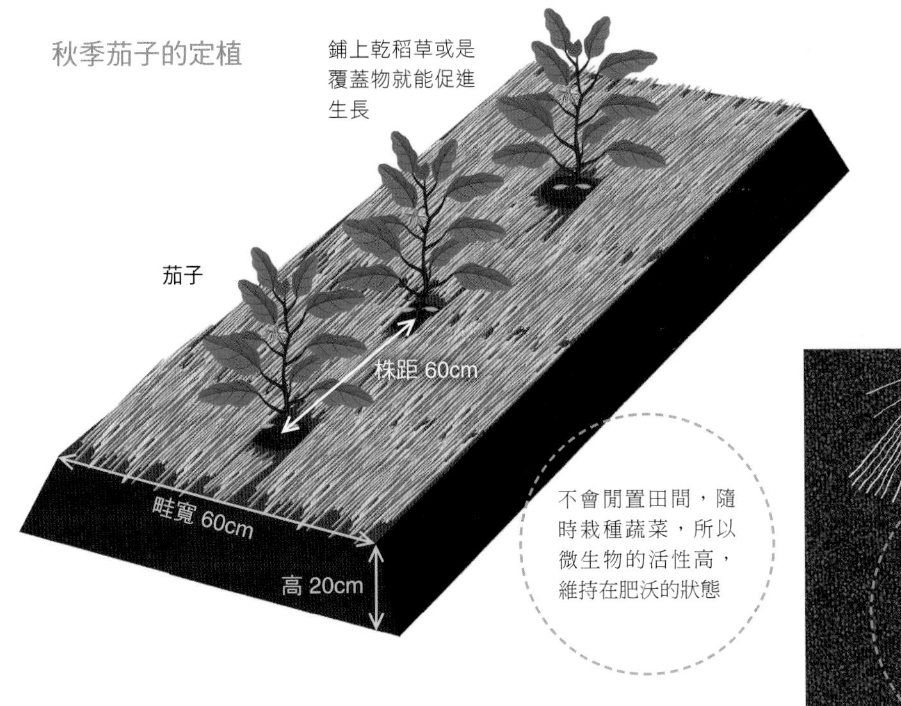
鋪上乾稻草或是覆蓋物就能促進生長
茄子
株距 60cm
畦寬 60cm
高 20cm
不會閒置田間，隨時栽種蔬菜，所以微生物的活性高，維持在肥沃的狀態

利用洋蔥根系所耕耘的痕跡，讓茄子能充分伸展根系。洋蔥殘留的根部會慢慢分解，成為養分利用

和洋蔥根部共生的伯克氏菌（Burkholderia gladioli）能減少半身委凋病的病原菌

牛蒡⟺麗韭

促進生長

將栽培期間較長的蔬菜於每一年輪流栽種

說到麗韭會讓人聯想到是鳥取縣的作物，不過其實九州南部的鹿兒島縣、宮崎縣這兩個縣佔了日本全國產的將近一半。其中一部分就是由農家長年施行的交替耕作生產而來。

白砂台地的火山灰土排水良好，非常適合牛蒡的生產。另一方面，麗韭的生產則以砂質土為理想，不過牛蒡栽培後會進行深度翻土，可更加促進排水，所以麗韭也能生長良好。

在一般地區，會於秋季播種牛蒡，到了隔年 3～7 月採收後，再於 9 月中旬～下旬定植麗韭。接著於隔年 6 月中旬左右採收後，再次於秋季栽種牛蒡。牛蒡雖然是容易出現連作障礙的蔬菜之一，不過只要藉由這個方法，就能輕鬆進行 2 年循環的交替耕作。兩種蔬菜的共通點是都不需要太多的肥料。

栽培程序

【挑選品種】牛蒡為秋季播種，因此建議選擇不容易在春天抽花苔的品種。麗韭不需要特別挑選品種。

【整土】於牛蒡播種 3 週前耕耘 60～70cm 的土壤，將土壤翻鬆。接著將土壤埋回立畦。不需要施放成熟堆肥或是伯卡西肥。麗韭在整土時可以施放堆肥。

【牛蒡的栽培】參閱 p.57。播種應於 9 月中旬～下旬進行。於播種前一天，將種子浸泡於水中一整天使其吸水。於每一處播 5～6 粒種子，再蓋上一層薄土。長出本葉 1 片時間拔至 2 株，長出 3 片本葉時，間拔至 1 株。

【麗韭的栽培】於 9 月中旬～下旬定植種球。於每一處定植 3 顆能促進生長，增加採收量。

【追肥、覆土】當麗韭的葉片增加時，可於畦的某一側施放伯卡西肥或米糠當作追肥並覆土。經過 2 週後，再於另一側施放追肥覆土。

【採收】麗韭於 6 月下旬採收。牛蒡於 6～7 月莖葉枯萎時採收。

重點

短莖的沙拉牛蒡若在 9 月上旬之前播種，就有可能在年底前採收。也可以採用隔年春天再次播種沙拉牛蒡，到了秋天再轉換成麗韭這個方法。

在牛蒡的畦田定植麗韭

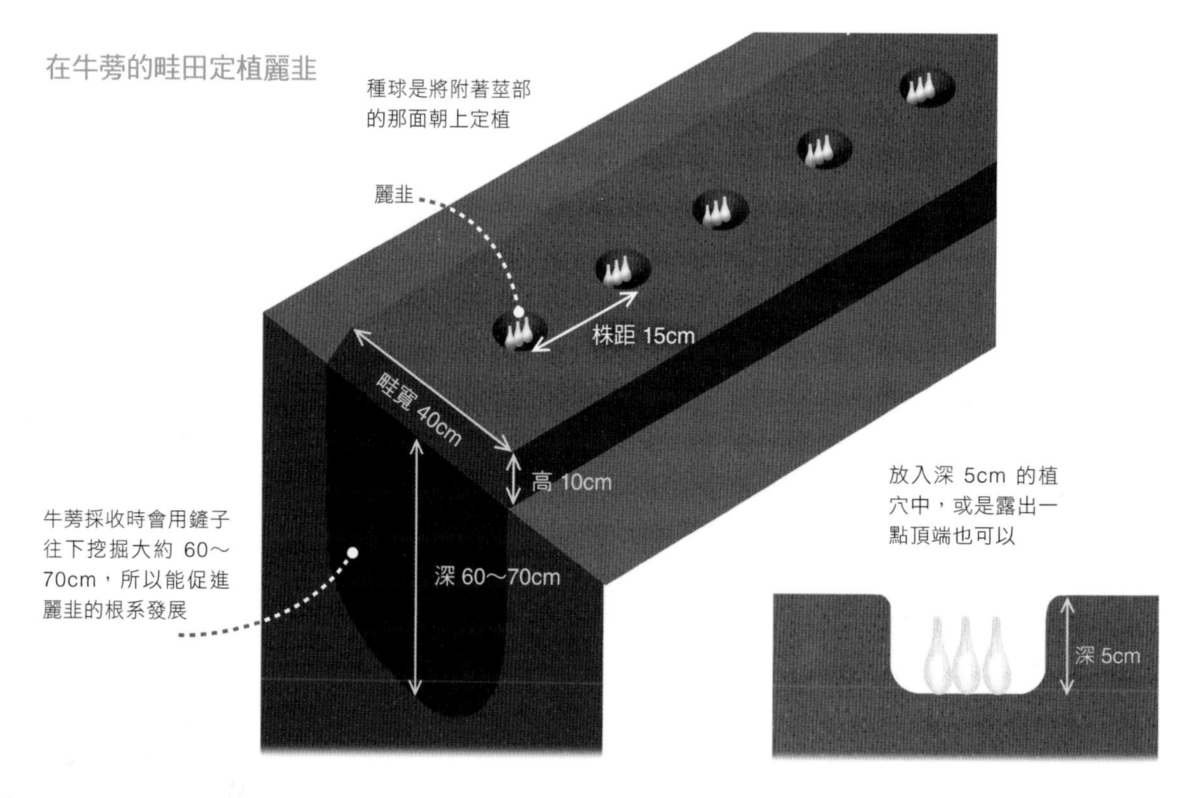
種球是將附著莖部的那面朝上定植
麗韭
株距 15cm
畦寬 40cm
高 10cm
深 60～70cm
牛蒡採收時會用鏟子往下挖掘大約 60～70cm，所以能促進麗韭的根系發展
放入深 5cm 的植穴中，或是露出一點頂端也可以
深 5cm

越冬菠菜→青花菜

促進生長

利用田間的殘肥 栽培少肥型青花菜

菠菜也可以在秋天播種，使其越冬栽培。只要在 10 月上旬～中旬播種，就算不需要保溫也能在隔年 1～2 月的寒冬採收，另外若在 11～12 月播種，只要架起隧道塑膠布，就可以在 3 月採收。這個時期的栽培溫度低，微生物分解有機物的速度也比較慢，因此需要施放較多的肥料。結果就會使得菠菜採收後，殘留較多無法使用的肥料。

因此在春天可不必施放堆肥或基肥，將菠菜枯萎的下側葉片或根系翻入土中立畦，繼續栽培夏季採收的青花菜。青花菜只要藉由殘肥就能充分生長。菠菜的殘渣等尚未成熟的有機物也不會傷害到青花菜的根部。

栽培程序

【挑選品種】菠菜建議使用春天採收的品種較容易栽培。青花菜建議選擇春天播種夏天採收的品種。

【菠菜的栽培】於播種 3 週前施放成熟堆肥和伯卡西肥後立畦。若土壤偏酸性時，可施放石灰加以中和。於 11～12 月播種。12 月中旬應架起隧道塑膠布。在 1 片本葉時可間拔至株距 3～4cm，植株高度 5～6cm 時可間拔至株距 6～8cm。於 2 月上旬施放伯卡西肥進行追肥。

【採收】當植株高度生長至 25cm 時即可採收。到 2 月中旬使植株接觸寒冷空氣，能提升美味度。過了彼岸（春分）容易抽花苔。

【接力栽培時的整土】不需施放堆肥或基肥，稍微耕耘立畦即可。可以將菠菜的殘渣鋤進土壤中。

【青花菜的定植】於 2 月中旬～3 月上旬播種於黑軟盆中育苗。於 3 月上旬～4 月下旬長出 5～6 片本葉時定植。

【追肥、覆土】定植 3 週後於畦的某一側施放伯卡西當作追肥並覆土。經過 3 週後，再於另一側施放追肥覆土。觀察生長情況，若有需要的話可進行追肥，不需要的話則覆土即可。

【青花菜的採收】春播夏收的時候，可於定植後 60～70 天採收。

重點

除了青花菜以外，也可以應用於較少肥料也能生長的白蘿蔔、牛蒡等。這些作物為了避免表面不平整的情況，不需要將殘渣翻入土壤中。

菠菜的採收和青花菜的定植

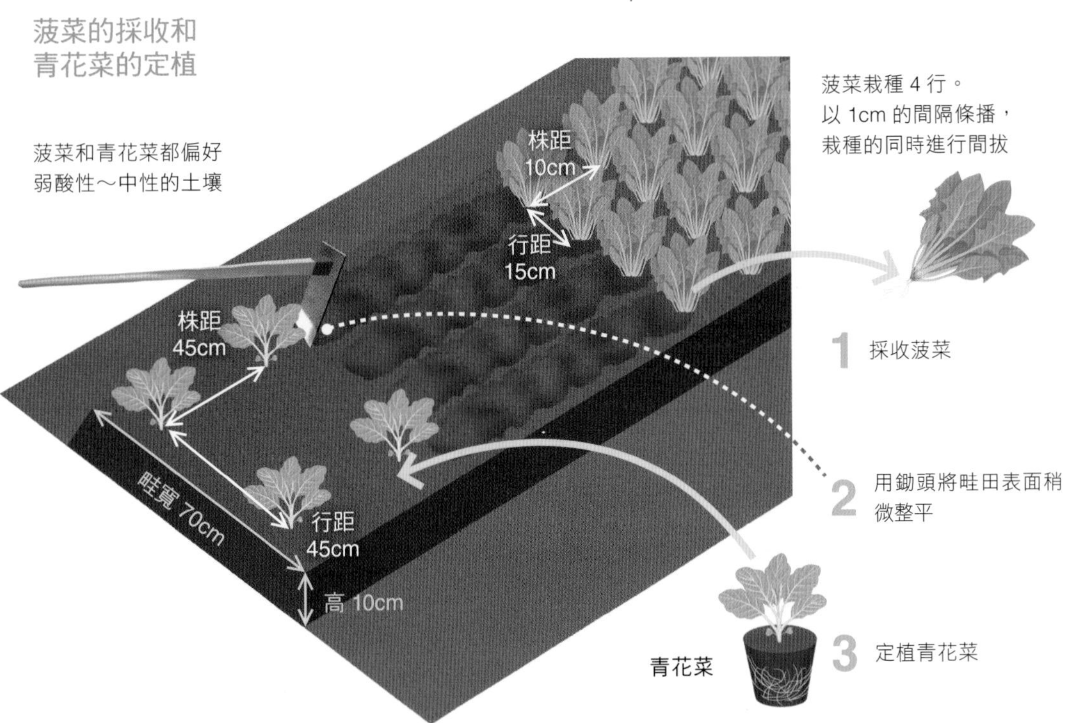
菠菜和青花菜都偏好弱酸性～中性的土壤
株距 10cm
行距 15cm
菠菜栽種 4 行。
以 1cm 的間隔條播，
栽種的同時進行間拔
株距 45cm
畦寬 70cm
行距 45cm
高 10cm
1 採收菠菜
2 用鋤頭將畦田表面稍微整平
青花菜
3 定植青花菜

越冬青花菜→毛豆

促進生長

在殘肥較少的田間
也能順利栽培毛豆

春天播種秋天採收的青花菜，經常會在不會積雪的中間地區至溫暖地區栽培。在 9 月下旬～10 月上旬播種育苗，並於 11 月下旬前定植，就能在進入嚴冬之前發根存活。過了 2 月下旬開始慢慢回暖時，葉片數量增加急速增大，在 3 月下旬～4 月中旬就能採收。

由於青花菜不太需要肥料，所以施肥量較少，結果也會讓田間的殘肥變少。在後一作需要確實進行整土，也可以栽種像是毛豆這種肥料較少也能順利生長的蔬菜。毛豆根部和根瘤菌共生，能固定空氣中的氮，所以可以藉由自己的力量充分生長，同時讓土壤變得肥沃。

應用：同樣也能應用於四季豆、豇豆、春天播種的豌豆等豆科作物。

栽培程序

【挑選品種】青花菜建議選擇秋天播種春天採收的品種。毛豆則使用早生～中生品種。

【青花菜的栽培】於定植 3 週前施放成熟堆肥和伯卡西肥，並且耕耘立畦。於 9 月下旬～10 月上旬播種於黑軟盆中育苗。在 11 月下旬長出 5～6 片本葉時定植。

【追肥】於 2 月下旬於畦田的其中一側施放伯卡西肥當作追肥並覆土。接著於 3 週後於另一側施放追肥覆土。

【採收】於 3 月下旬～4 月中旬頂花蕾長大時採收。之後也能採收長出的側花蕾。

【接力栽培時的整土】拔除青花菜植株整理。不需要翻土，稍微整平畦田即可。不需施放堆肥或基肥。

【毛豆的栽培】青花菜整理乾淨後，可以立刻定植。事先準備好苗株。於黑軟盆中播 2～3 粒種子，於本葉 2.5 片時可間拔至 2 株。長出 3 片本葉時即可定植。

【追肥】定植 3 週後施放伯卡西肥並覆土。若生長順利就不需要繼續施放追肥。

【採收】果莢膨大時即可採收。可根據不同品種的栽培日數採收。

重點

也可以應用於初夏採收的青花菜。於 1～2 月播種並且加以保溫育苗，3 月定植，5～6 月採收。這時候毛豆應選擇 7 月播種的晚生品種。

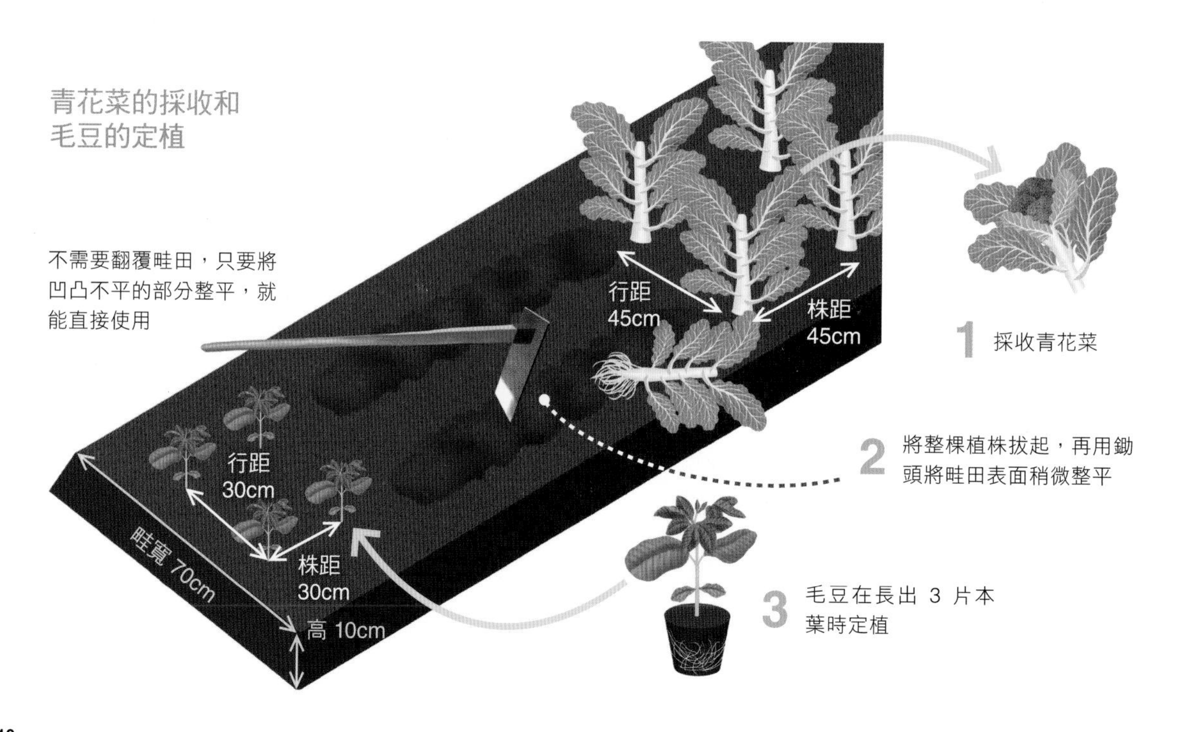
青花菜的採收和
毛豆的定植
不需要翻覆畦田，只要將凹凸不平的部分整平，就能直接使用
行距
45cm
株距
45cm
1 採收青花菜
2 將整棵植株拔起，再用鋤頭將畦田表面稍微整平
行距
30cm
株距
30cm
畦寬 70cm
高 10cm
3 毛豆在長出 3 片本葉時定植

越冬青花菜 ⇒ 秋收馬鈴薯

促進生長

將殘渣鋤進田間進行土壤消毒。抑制馬鈴薯的痂瘡病

這也是在秋天播種春天採收的青花菜之後，栽種肥料少也能生長的馬鈴薯組合方法。和 p.110 的毛豆不同之處在於，需將青花菜採收後的下側葉片、根、莖等殘渣埋入土壤。

青花菜的殘渣還有十字花科獨特的辣味成分「硫配醣體（glucosinolates）」，鏟進田間經由分解後，能轉變為叫做異硫氰酸酯的揮發物質。這個異硫氰酸酯具有殺菌作用，可進行土壤消毒。在後一作栽培馬鈴薯，有助於抑制痂瘡病的發生。

栽培程序

【挑選品種】青花菜可參閱 p.110。秋季馬鈴薯建議選擇休眠期間較短的「出島」、「西豐」、「安地斯赤」等品種。

【青花菜的栽培】參閱 p.110。

【接力栽培時的整土】青花菜採收結束後，將葉片或莖部剪成 20cm 左右的程度，直接連同根部一起鏟進土壤中。經過 3 週以上再立畦，轉移至後一作。

【馬鈴薯的栽培】秋季馬鈴薯可於 9 月上旬定植。參閱 p.93。

【採收】於 11 月下旬～12 月初旬下霜，而且地上部開始枯萎後即可挖起。

重點

將青花菜的殘渣鏟進土壤中的原理，和使用農藥進行殺蟲、殺菌的「土壤燻蒸」相同。也稱為「生物性土壤燻蒸」。可廣泛應用於容易發生土壤病害的茄科、葫蘆科作物的栽培。土壤病害發生嚴重時，可用含有多量硫配醣體的芥菜、高菜、黃芥等代替青花菜。將殘渣鏟入土壤後，可將透明塑膠布覆蓋整個田間，密封 2～3 週以提高效果。

1 將青花菜的殘渣鏟入田間

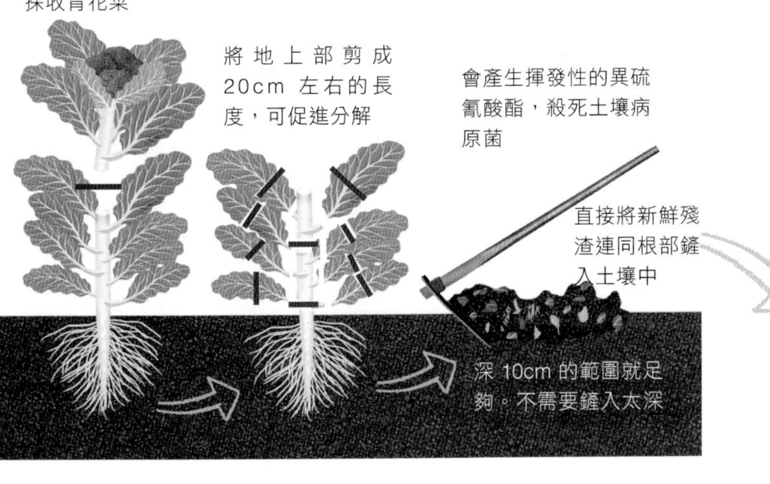
採收青花菜
將地上部剪成 20cm 左右的長度，可促進分解
會產生揮發性的異硫氰酸酯，殺死土壤病原菌
直接將新鮮殘渣連同根部鏟入土壤中
深 10cm 的範圍就足夠。不需要鏟入太深

2 定植馬鈴薯

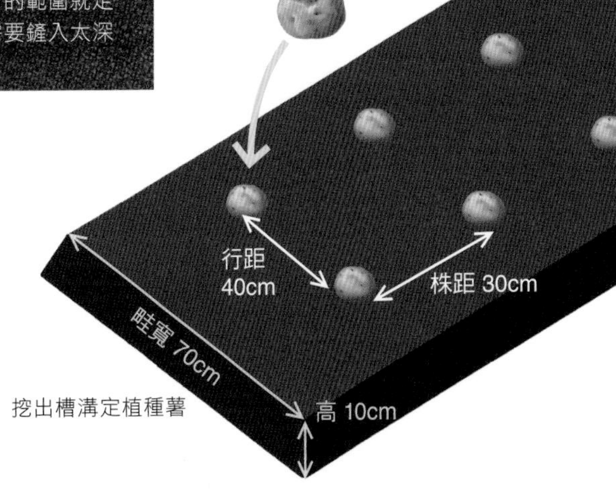
秋季馬鈴薯不需要切開，直接定植 50g 左右的小顆種薯
行距 40cm
株距 30cm
畦寬 70cm
高 10cm
挖出槽溝定植種薯

也可以在青花菜之後的低養分田間，栽種吸肥力強的玉米（甜玉米）。這時候可將青花菜的殘渣鏟入田間。就算殘留尚未發酵的有機質，玉米也能順利生長。在 7 月中旬～8 月上旬播種（也可以育苗），到了 11 月上旬～中旬就能採收鮮甜的玉米。玉米會結出大量的鬚根，採收後將鬚根鏟入土壤中，就能成為豐富的有機質來源。

column
4

同時活用混植＆接力栽培
不斷收成的年間計畫

善用共生栽培植物組合，除了能藉由混植和間作有效利用空間外，也可以透過接力栽培有效利用時間軸。結果就能在一整年內，於同一個畦田栽培許多種類的蔬菜。在這裡列舉兩個年間栽培範例。兩者都不會引起連作障礙，而且第 2 年也能使用相同的年間計畫進行連作。

●栽培計畫 A

栽培春天開始培育的常見蔬菜。藉由少量肥料確實採收

在春天栽培並且採收馬鈴薯後，夏季栽培毛豆、玉米（甜玉米）等常見蔬菜，接著於秋天栽培青花菜、菠菜等葉菜類，以及白蘿蔔、紅蘿蔔等根菜類的計畫。特徵在於所列舉的大部分蔬菜只要少量肥料就能充分生長，因此可以說是低營養型的栽培計畫。由於基肥和追肥的使用量少，所以能減少整土所需的期間，以時間軸來看幾乎是不浪費而且有效率。

【接力栽培的訣竅】

・在馬鈴薯採收後立畦播種。貧瘠土壤也能生長良好的毛豆不需要肥料，而玉米則根據需要補充追肥。可藉由混植的蔓性四季豆使土壤變肥沃。

・秋季在栽培需要較多肥料的青花菜、菠菜時，可施放成熟堆肥和基肥。少量肥料也能生長良好的白蘿蔔、紅蘿蔔若是在毛豆的後作栽培，就算無肥料也能生長（參閱 p.76～77）。

【混植的訣竅】

・毛豆和玉米能促進生長和迴避害蟲（參閱 p.42），而玉米和蔓性四季豆也有促進生長和迴避害蟲的效果（參閱 p.38）。

・青花菜和葉萵苣能迴避害蟲（參閱 p.48），白蘿蔔和紅蘿蔔有助於迴避害蟲和促進生長（參閱 p.76）。

3月下旬→6月中旬
馬鈴薯的栽培

3 月下旬　定植種薯
6 月中旬　採收

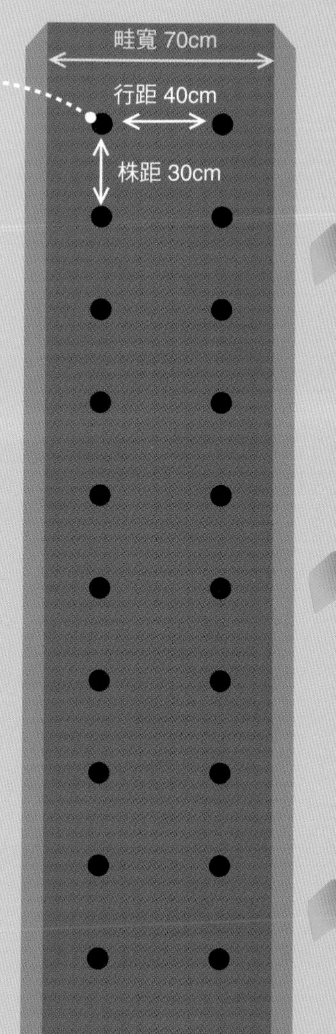
畦寬 70cm
行距 40cm
株距 30cm

馬鈴薯
建議使用種薯切口朝上的「逆向定植」（參閱 p.82）。於 6 月中旬採收

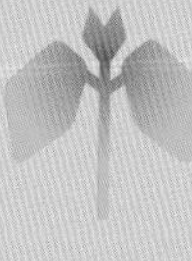

若周圍長出紅藜或白藜時，可保留不需除草以防治病害

在馬鈴薯植株高度 20cm 時覆土。接著於 2 週後再次覆土

基本上不需要整土

馬鈴薯如果是在已經栽培過其他蔬菜的田間，就不需要堆肥或基肥。於種薯定植 3 週前耕耘立畦。只要適當施放追肥，於 6 月中旬及 9 月下旬輪替作物時，也不需要施放大量基肥整土。

持續連作提升品質

在整年間以少量肥料栽培蔬菜後，能讓田間土壤狀態安定、減少病蟲害。每年以相同的作物進行連作，每種蔬菜也會變得更容易栽培。尤其能提升馬鈴薯的品質。

6月中旬→9月中旬

毛豆和玉米的栽培

6 月中旬　立畦後，播種毛豆和玉米（和蔓性四季豆混植）

9 月中旬　兩者皆可採收

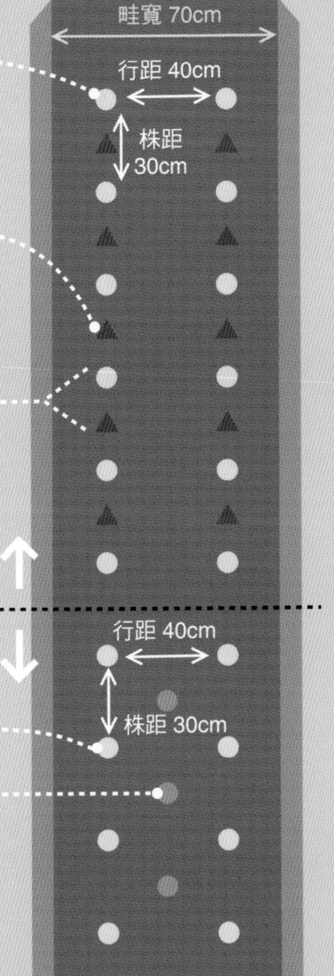

畦寬 70cm
行距 40cm
株距 30cm
玉米
於每一處播 3 顆。長出 2～3 片葉子時可間拔至 1 株。同時於植株之間播種蔓性四季豆進行混植
蔓性四季豆
藉由根瘤菌的作用使土壤肥沃。於 8 月中旬～9 月下旬依序採收
由於科別不同，所以有助於害蟲迴避
栽培的同時施放伯卡西肥當作追肥
基肥和追肥都不需要施放
行距 40cm
株距 30cm
玉米
毛豆
藉由根瘤菌的作用使土壤肥沃。容易附著根瘤菌，促進玉米生長

9月下旬→3月上旬

青花菜、菠菜、白蘿蔔、紅蘿蔔的栽培

9 月下旬　立畦後定植青花菜（和茼蒿混植）。播種白蘿蔔、紅蘿蔔、菠菜

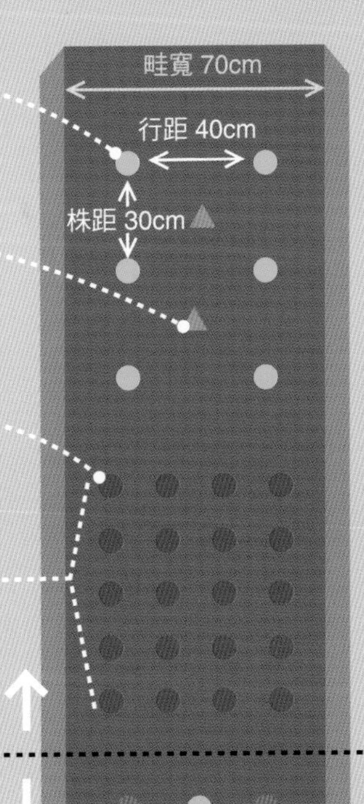

畦寬 70cm
行距 40cm
株距 30cm
青花菜
定植後每 3 週進行 2 次覆土。於 12 月下旬～3 月上旬採收
茼蒿
於行間定植。從 10 月下旬開始採收。由於科別不同，有助於迴避害蟲
菠菜
在植株高度 5～6cm 之前，進行 2 次間拔至株距 6～8cm。於 12 月中旬～3 月上旬採收
以行距 15cm、1cm 的間隔條播
立畦時施放成熟堆肥和基肥。也可以在追肥時施放伯卡西肥
不需要施放基肥和追肥
白蘿蔔
於每一處播 5～7 顆種子。株距為 30cm。經過 2 次間拔至 1 株。12 月上旬開始採收
紅蘿蔔
用大量種子進行條播。經過 2 次間拔至株距 10～12cm。12 月下旬～3 月上旬採收
由於科別不同，所以有助於迴避害蟲

●栽培計畫 B

實現果菜類的連作。
防治病害的同時每年採收常見蔬菜

從秋天開始栽培蔬菜、採收的同時，調整出抗病蟲害的土壤，並且從夏至連接至秋季果菜類的計畫。

第一年度的秋季是以十字花科蔬菜為中心，栽培葉菜類的蔬菜，於冬至春季栽培洋蔥、蠶豆、豌豆等過冬蔬菜，夏至秋季則是栽培番茄、茄子、青椒、南瓜、小黃瓜等果菜類。果菜類栽培的開始時期，會比一般 5 月上旬定植還要晚一點，雖然開始採收的時期也會延後，但是卻不容易出現夏季疲軟，可採收直到晚秋。

【接力栽培的訣竅】

・只要在栽培葉菜類之前進行整土，就能省略洋蔥、蠶豆和豌豆的整土作業。另外，由於洋蔥栽培後田間會殘留肥料，而蠶豆及豌豆會讓土壤肥沃，所以只要簡單的畦田修復就能轉換至夏季蔬菜栽培。

・共生於洋蔥根系的微生物所釋放的抗生物值，可減少後一作葫蘆科、茄科土壤病害的病原菌，使連作變得可能（參閱 p.106、107）。

【混植的訣竅】

・葉菜類的混植有迴避害蟲的作用（參閱 p.60），大白菜和燕麥有預防病蟲害（參閱 p.52），而白蘿蔔和芝麻菜則有迴避害蟲（參閱 p.64）等作用。

・洋蔥和蠶豆、豌豆的混植有促進生長和預防病蟲害的效果（參閱 p.64）。

・茄科和韭菜，葫蘆科和大蔥有預防病害（參閱 p.15、21、23、26、30）的作用，番茄和羅勒，茄子和洋香菜有迴避害蟲以及促進生長的效果（參閱 p.14、20）。番茄和落花生有促進生長的效果（參閱 p.12）。

9月上旬→**12月**上旬

葉菜類、根菜類（大白菜、白蘿蔔、水菜、青江菜、菠菜等）的栽培

9 月上旬　葉菜類、白蘿蔔的播種，大白菜的定植
11 月上旬～12 月上旬　採收

大白菜
定植幼苗。10 月中旬和 11 月上旬施放伯卡西肥當追肥。12 月上旬採收

燕麥
和大白菜混植可以預防病蟲害

菠菜
水菜
青江菜
皆以 15cm 行距，1cm 的間隔條播。分 2 次間拔，間拔至株距 6～8cm。於 11 月上旬可從長大的植株開始採收。將科別不同的蔬菜相鄰栽種，有助於防除害蟲

芝麻菜
有助於白蘿蔔的害蟲迴避和促進生長。從播種開始一邊間拔，約 40 天即可採收

白蘿蔔
於每一處播 5～7 顆種子。以行距 40cm、株距 30cm 栽種。2 次間拔至 1 株。12 月上旬採收

一開始的整土
於 9 月上旬的播種 3 週前，施放成熟堆肥和基肥（伯卡西肥）後充分翻攪並立畦

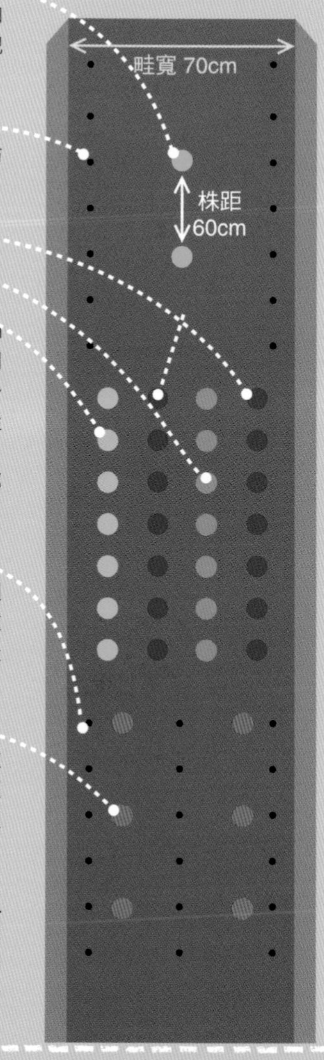
畦寬 70cm
株距
60cm

想要輪作時就轉換至栽培計畫 A

於 6 月中旬洋蔥等採收完畢後，也可以轉換至栽培計畫 A 的毛豆和玉米。這時候由於栽培計畫 A 是屬於低營養型的栽培計畫，所以只要稍微整平畦田，不需要特別施放堆肥或基肥進行整土。

想要連作時就從整土開始

於 11 月上旬施放成熟堆肥和基肥，充分耕耘後立畦，經過 3 週後就能再次回到洋蔥、蠶豆和豌豆的栽培。若要連作（越冬蔬菜和果菜類交替栽種）時，每年只要在秋天進行 1 次整土即可。

12月上旬 → 6月中旬
越冬蔬菜（洋蔥、蠶豆、豌豆）的栽培

12 月上旬　整平畦田後，立刻定植洋蔥、蠶豆和豌豆

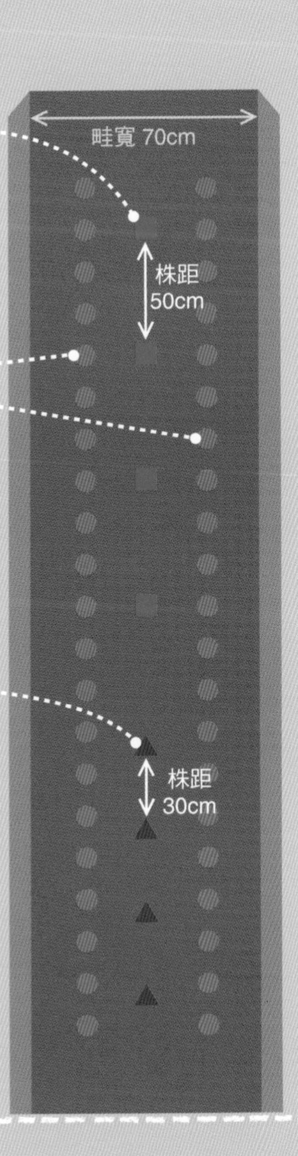

畦寬 70cm
株距 50cm
株距 30cm

蠶豆
和洋蔥的行距為 20cm。可藉由根瘤菌的作用使土壤肥沃，所以不需要施放追肥。於 5 月上旬～6 月上旬採收。可成為害蟲天敵的棲息場所

洋蔥
以株距 10～15cm 定植。可藉由根系共生菌所分泌的抗生物質減少病原菌。追肥可於 12 月下旬和 2 月下旬施放伯卡西肥。於 6 月中旬採收

豌豆
和洋蔥的行距為 20cm。可藉由根瘤菌的作用使土壤肥沃。於 4 月下旬～6 月中旬採收。

6月中旬 → 10月下旬
夏秋採收果菜類（茄子、青椒、番茄、南瓜、小黃瓜）的栽培

6 月中旬　整平畦田後，定植茄子、青椒、番茄、南瓜（或是匍匐性小黃瓜）

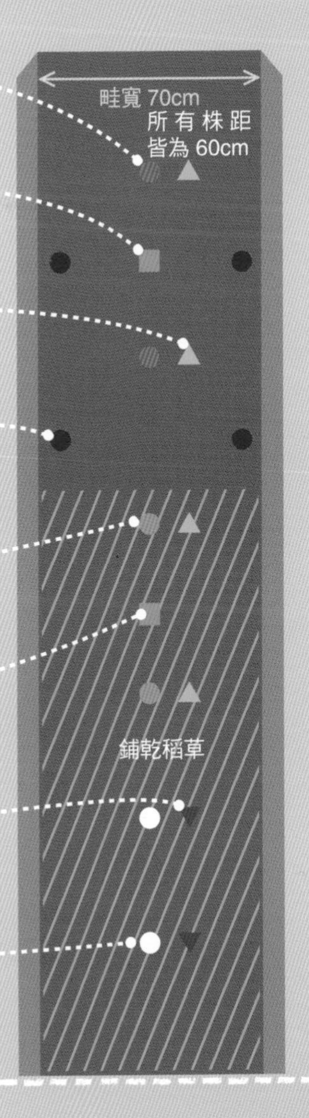

畦寬 70cm
所有株距皆為 60cm
鋪乾稻草

番茄
可以不施追肥。於 7 月下旬～10 月下旬採收

羅勒
栽種於番茄的植株之間。有助於迴避害蟲、促進生長

韭菜
於番茄、茄子和青椒的植株基部混植。有助於預防病害

落花生
栽種於畦田的左右兩側。有助於迴避害蟲、促進生長

茄子或是青椒
每半個月施放 1 次伯卡西肥。有助於迴避害蟲、促進生長

洋香菜
栽種於茄子、青椒的植株之間。有助於迴避害蟲、促進生長

大蔥
於南瓜、小黃瓜的植株基部混植。有助於預防病害

南瓜或是匍匐性小黃瓜
可以不施追肥。可採收至 11 月中旬

column
5

讓土壤更肥沃、促進下一作生長的 綠肥作物運用方法

採收蔬菜後，別讓田間呈現在休耕狀態，試著栽培看看綠肥作物吧。
可藉此使土壤中的溫度和濕度維持在一定範圍，防止風雨造成土壤流失，
同時還能發揮抑制雜草叢生的效果。

●根據用途區分

綠肥作物以禾本科或是豆科佔大多數，並且以用途區分。禾本科的綠肥作物生長旺盛，在生長途中能收集土壤多餘的肥料，擔任淨土作物（cleaning crop）作用。不只是地上部莖葉的量，連根系的量也很豐富，在割除後鏟入土壤中，可為土壤供給大量的有機物，幫助整土。豆科則是在生長途中藉由和根系共生的根瘤菌作用，使土壤肥沃，鏟入土中後由於葉片和莖部含有大量的氮，所以也能帶來肥料的效果。

除此之外，也有為了對付線蟲而栽種的驅蟲作物（p.72），或是像黃芥菜一樣用來抑制土壤病原菌的作物（p.111）。還有菊葉蜈蚣花及向日葵等花朵美麗的景觀綠肥。

●主要的綠肥作物

禾本科綠肥作物

春～夏季播種

高粱、玉米、大黍、覆蓋用麥類、裸麥、義大利黑麥草等

秋季播種

燕麥、裸麥、義大利黑麥草等

豆科綠肥作物

菽麻、大花田菁、決明等

秋季播種

絳車軸草、紅花三葉草、長柔毛野豌豆、紫雲英等

其他綠肥作物

芥菜、萬壽菊、大波斯菊、向日葵、菊葉蜈蚣花、紫穗稗、蕎麥等

●能對於線蟲發揮效果的綠肥作物

對付根腐線蟲

萬壽菊、羊角豆、燕麥、大黍、高粱等

對付根瘤線蟲

菽麻、決明、落花生、大黍、高粱等

高粱

禾本科。植株高度約 1～2m。吸肥力強，能去除過剩的肥料。根系豐富，能讓土壤鬆軟。也有助於防治根腐病及根瘤線蟲等病害

燕麥

禾本科。植株高度約 0.5～1.5m。根系豐富，能讓土壤鬆軟。有助於防治根瘤病、根腐線蟲、黃條葉蚤等

菽麻

豆科。植株高度約 1～1.5m。屬於深根類型，有助於土壤改良。可藉由根瘤菌的作用使土壤肥沃。開花前鏟入土壤中。能幫助防治根腐線蟲

絳車軸草

豆科。植株高度約 0.5～1m。於春天開鮮豔的紅花，也會當作景觀綠肥利用。和根部共生的根瘤菌能促進土壤肥沃

長柔毛野豌豆

豆科。植株高度約 0.5m 左右，匍匐性，以枝蔓纏繞的狀態呈現地毯狀。可藉由根瘤菌的作用使土壤肥沃。所分泌的氨基氰（Cyanamide）能抑制雜草叢生

長出美味果實的果樹共生植物

[果樹栽培]

和蔬菜一樣，果樹中也有一起栽種就能生長良好的植物。在這裡為各位介紹家庭中經常栽培的代表性果樹以及共生植物。也能充分活用於定植多年的果樹。

柑橘類 X 鼠茅、長柔毛野豌豆

促進生長

迴避害蟲

預防疾病

在植株基部覆蓋厚厚一層，幫助保濕及抑制雜草

為蜜柑等柑橘類的栽培農家所盛行的一種混植方法。鼠茅為禾本科的一年生草本植物，於冬至春季生長，能防止地面乾燥。當植株高度長至 50cm 左右後，於 6 月抽花穗並且倒伏，接著開始枯萎。可在這之前修剪成 10～15cm 的高度，避免植株抽出花穗，就能維持綠葉狀態直到秋天。能抑制夏季的雜草，到了秋天枯萎，最後分解為土壤補給有機物。除了保濕及保護根系之外，也能成為益蟲的棲息之處，減少柑橘類病蟲害的危害情況。

長柔毛野豌豆的運用方法和鼠茅一樣。長柔毛野豌豆的相剋作用強烈，能抑制雜草，互相纏繞枝蔓的同時生長茂盛，到了 6 月便會枯萎呈現地毯狀。屬於豆科植物，所以能藉由根瘤菌的作用使土壤肥沃。

應用：也可以應用於梅樹、梨子、藍莓等栽培。另外也可以替換成義大利黑麥草、絳車軸草、紅花三葉草等綠肥作物。

在蜜柑農家和鼠茅混植的實例。柑橘類的栽培大多位於傾斜地，因此也能防止土壤流失

栽培程序

【挑選品種】柑橘類不需要特別挑選品種。長柔毛野豌豆和鼠茅都能在市面上買到綠肥用的種子。

【整土】選擇排水良好、日照充足的場所。於定植前 1 個月將腐葉土鏟入預計栽種的位置。

【柑橘類的定植】定植的適期為春天的彼岸之日時期（春分）。應在 4 月上旬前定植完成。

【鼠茅和長柔毛野豌豆的播種】於 9 月下旬～10 月上旬於柑橘類的植株基部散播，再蓋一層薄薄的土壤。

【追肥】柑橘類的施肥，可於 3 月施放油粕等有機肥料當作寒肥，追肥則是於 6 月和 10 月施放伯卡西肥。和鼠茅混植時，柑橘類的施肥量應增加 3 成。長柔毛野豌豆可以稍微減少施肥量。

【採收】柑橘類根據不同種類的適期採收。鼠茅的採種為出穗後，於 7 月將枯萎的花穗割下，將其乾燥，到了 9 月再從花穗中取出種子。長柔毛野豌豆可於 7 月左右從豆莢中取種。

【柑橘類的整枝】定植後的第 2 年於春天截剪至高度 50～60cm，同時剪掉前年秋天長出的枝條。第 3 年於春天將夏天之前伸長的部分剪去，並且修剪彼此干擾的枝條。

重點

鼠茅可以不修剪放任其生長。到了 7 月會自然枯萎，呈現葉片肥厚的地毯狀，幫助抑制夏季的雜草生長。掉落的種子到了秋天會發芽，不過有可能無法平均生長，所以可取部分種子重新播種。長柔毛野豌豆也是一樣。兩種植物都很容易雜草化，在庭園管理時應多加注意。

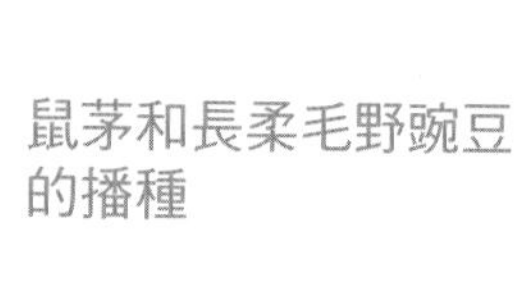

鼠茅和長柔毛野豌豆的播種
已經栽種柑橘果樹的情況下也是一樣
於 9 月下旬～10 月上旬散播種子。稍微蓋一層薄土。由於是秋季的追肥時期，所以可以和追肥一起播種

葡萄 X 車前草

預防疾病

藉由車前草增加菌寄生菌抑制白粉病

葡萄原本生長於高加索地區至地中海沿岸等夏季乾燥的地區，因此不耐日本高溫多濕的夏季。到了梅雨時期經常出現的病害，就是白粉病所造成的危害。葉片會附著白色粉狀的黴菌，造成受傷而無法充分進行光合作用，使樹木的生長勢衰弱。同時也會發生於果房，造成受損而無法成熟。

因此可在葡萄的植株基部或是棚架下方，保留自行長出的雜草---車前草。雖然車前草也會發生白粉病，不過卻和葡萄白粉病菌的種類相異，所以不會互相感染。能寄生而且分解車前草白粉病菌的寄生菌會增加，這個菌寄生菌同時也會寄生在葡萄白粉病的病菌上，減少危害情況。

應用：蘋果等容易發生白粉病的果樹都有效果。蔬菜可以應用於草莓、小黃瓜、南瓜、西瓜、番茄等。

栽培程序

【挑選品種】雖然葡萄不需要特別挑選品種，不過一般而言，歐洲品系會比美國品系更抗白粉病等病害。

【葡萄的栽培】選擇排水良好、日照充足的場所，於 11～3 月將腐葉土鏟入土壤中，以稍高的高度定植。定植後，將主枝修剪至 50cm 高度，以促進側枝生長。

【車前草的管理】如果自然生長於田間時，將其保留即可。從初夏至夏末會抽出長長的花穗並且結種子，可在種子掉落前收集，並於秋季播種於植株基部或是棚架下方。

【葡萄的整枝修剪】將伸長的枝蔓誘引至棚架。棚架上方挑選數根側枝，並且平衡配置。第 2 年冬天將主枝條截剪。長出新芽後，將往上生長的芽摘除，使其他新芽生長出新梢。第 3 年之後將前一年伸長的枝條修剪 5～8 節。每個長出的芽所伸長的枝條都會結果房。

【整房、摘房、套袋】於 5 月開始開花後，可修剪花房調整形狀，限制大小。到了 6 月進行摘房，使一根枝條只能結 1 串果房。果房長大後即可進行套袋。

【追肥】於 2 月寒肥時期施放以油粕為主的有機質肥料。於 6 月和 9 月分別施放伯卡西肥。

【採收】當葡萄轉色成熟後即可採收。

重點

如果是不太長車前草的場所，也有播一整片大麥或燕麥種子的「覆蓋作物（綠肥）」方法。兩種都很容易發生白粉病，增加菌寄生菌。於春天播種的話可以維持叫低矮的植株高度，到了秋天枯萎，為土壤補給有機質。

車前草的播種

可將車前草的種子播種於植株基部至棚架下方整體也可以從路邊的野生車前草採種播種

將下側長出的枝條從基部剪下
定植後第 1 年的葡萄
將伸長後的枝條誘引至棚架。若長出側枝時，誘引使枝條整個覆蓋於棚架上

藍莓X薄荷

迴避害蟲

促進生長

為植株基部保濕
同時藉由香氣迴避害蟲

藍莓屬於淺根類型，偏好酸性土壤，所以在植株基部不太會長出其他草類。另一方面，薄荷若直接栽種於地面，會因為地下莖擴展茂盛而獨佔一面。然而將兩種植物一起栽種，卻能不可思議地共存，而且還能藉由薄荷促進藍莓的生長。

其一是透過薄荷達到保濕效果，長出許多徒長枝以促進花芽生長。另外還能藉由薄荷的獨特香氣，抑制藍莓的害蟲。

應用：薄荷除了藍莓之外，也很適合和其他莓果類一起栽種。薄荷可用百里香取代。

薄荷像是往藍莓聚集般茂密生長。相較之下奇異果就會排斥薄荷

栽培程序

【挑選品種】藍莓品種可分為適合寒冷地區的北方高叢藍莓，以及適合溫暖地區的南方高叢藍莓、兔眼藍莓等品系。建議栽種兩顆以上的不同品種，以促進授粉。薄荷除了一般常見的直立性品種外，也可以利用匍匐性的灌木薄荷。

【整土】由於藍莓偏好酸性土壤，因此可在定植場所混入酸鹼值未調整的泥炭土。

【定植】於 11～3 月定植，同時避免栽種太深。薄荷的定植應從 3 月下旬開始。於距離藍莓植株 30cm 的位置定植。

【追肥】藍莓於 3 月施放寒肥（基肥），並於果實採收後（時期根據品種而異）施放禮肥。薄荷不需要施肥。

【採收】藍莓從上色的果實開始採收。薄荷待枝條伸長後便可隨時剪下利用。

【藍莓的整枝】於 3 月修剪枝條前端，避免花芽數量過剩，將結果枝條進行疏枝。結果率變差的老舊枝條，可於冬季修剪疏枝，任基部長出的新枝條生長，更新植株。

重點

薄荷高度生長至 10～15cm 時即可修剪，可將剪下的葉片加以利用。隨時修剪能提高香氣，提升防蟲害的效果。另外，藉由修剪避免開花，能採收直到下霜前。

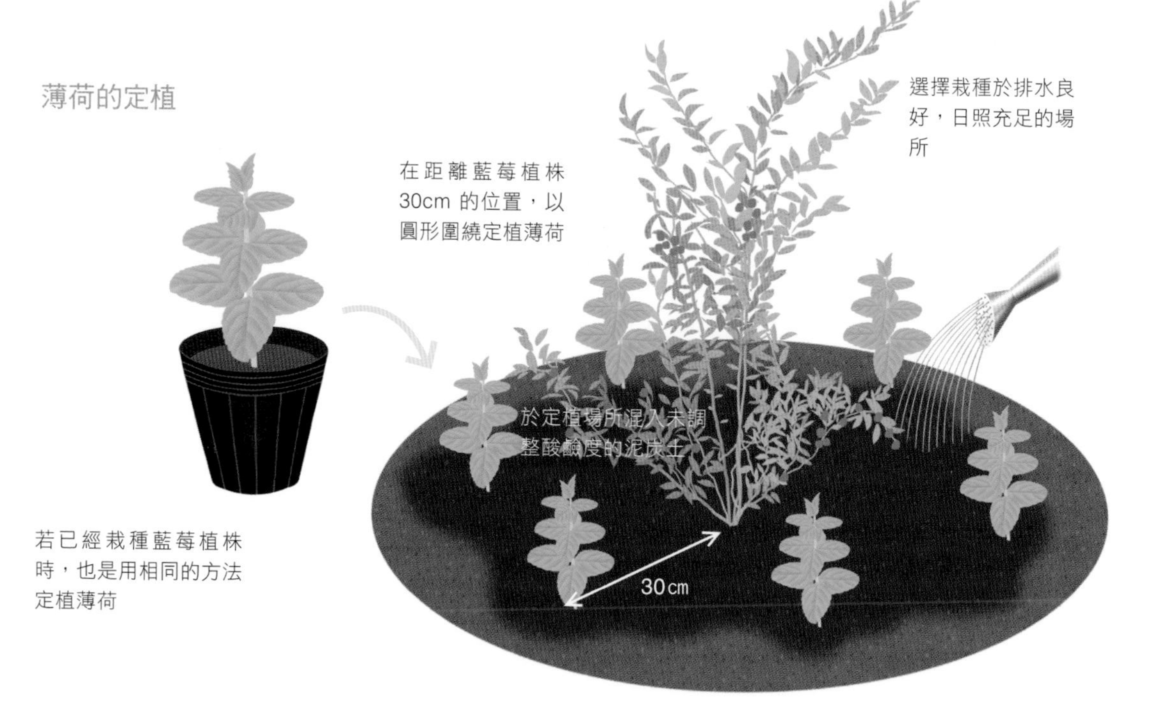
薄荷的定植
在距離藍莓植株30cm 的位置，以圓形圍繞定植薄荷
選擇栽種於排水良好，日照充足的場所
於定植場所混入未調整酸鹼度的泥炭土
30cm
若已經栽種藍莓植株時，也是用相同的方法定植薄荷

醋栗類 X 野豌豆

迴避害蟲
促進生長

為植株基部保濕
促進春至夏季的生長

醋栗類（加侖類）中包含廣為人知的紅醋栗（紅加侖）、白色果實的白醋栗，以及黑醋栗（黑加侖）等。原產地位於歐洲，雖然耐寒冷，卻不耐日本的炎熱夏天。適合在寒冷地區栽培。

在歐洲經常可見醋栗類和野豌豆的混植。於日本則是利用牧草用的野豌豆類（冬季野豌豆等）。於秋季發芽，在冬季薄薄一層覆蓋於地面，到了 3 月生長茂盛，互相纏繞枝蔓，以地毯狀擴展生長。冬至春季能為植株基部帶來保濕效果，也有助於醋栗類長新芽，促進之後的生長及開花和結果。野豌豆屬於豆科，因此能藉由根瘤菌固定氮氣，使土壤變得肥沃。到了夏季枯萎覆蓋於地面，防止土壤溫度上升的同時還能保濕、抑制雜草生長，最後則是分解，為土壤補給有機物質。

栽培程序

【挑選品種】不需要特別挑選品種。野豌豆建議選擇適合寒冷地區的長柔毛野豌豆。晚生而且能維持長期間的綠葉狀態。

【醋栗類的栽培】挑選日照良好的場所。如果是夏季上午日照充足，下午稍微遮陰的場所就能避免夏季植株疲軟。整土時可將腐葉土混入土壤中。於 12～2 月定植。1～2 月修剪部分互相干擾的枝條。4～5 月採收後枝條會老化，可以使基部長出的新枝芽繼續生長，更新植株。

【野豌豆的播種】於 10～11 月在醋栗類的植株基部散播，再蓋一層薄薄的土壤。

【追肥】醋栗類於 2 月施放寒肥，10 月施放追肥。兩者皆使用以油粕為主的有機質肥料。野豌豆能讓土壤肥沃，所以施肥量應比單獨栽種時少一點。

【採收】6 月下旬～7 月中旬為採收期。從上色成熟的果實開始採收。可加工成果醬或是水果酒等利用。

重點

野豌豆類具有強烈的相剋作用（化感作用），應避免在田間雜草化，不過可當作果樹基部的覆蓋植物。寒冷地區建議使用冬季野豌豆，溫暖地區則是使用長柔毛野豌豆。

能帶來這些效果

於生長時期帶來保濕作用

長柔毛野豌豆能以地毯狀覆蓋於植株基部，可帶來保濕作用，促進葉片生長及開花

使土壤肥沃

野豌豆屬於豆科，可藉由根瘤菌的作用使土壤肥沃。使醋栗類只要少量的肥料就能生長

聚集訪花昆蟲

野豌豆到了 5 月開花，吸引訪花昆蟲前來，使醋栗類能確實授粉

醋栗類

野豌豆

無花果  枇杷

迴避害蟲

透過和枇杷的混植
減少天牛的危害

在無花果的生產地，經常會看到田間某些角落栽種枇杷樹的光景。這是因為枇杷能驅除附著於無花果樹的天牛。

天牛會啃食樹幹和枝條，使枝條甚至整棵樹木枯萎。實際上天牛的種類非常多，甚至有會同時危害無花果和枇杷的種類，但是整體而言無花果遭到的危害較嚴重。其中代表性的害蟲像是星天牛，就比較少附著於枇杷樹上。雖然科學上仍未找出原因，不過有可能是因為枇杷的香氣具有驅除天牛的作用。

栽培程序

【挑選品種】無花果和枇杷都不需要特別挑選品種。

【無花果的栽培】挑選日照充足、排水良好的場所。偏好中性土壤，因此在整土時可將腐葉土連同苦土石灰混入土壤中。於 11～3 月定植。修剪成 30～50cm 高度，周圍鋪上覆蓋物。於第 2 年冬天留下 3 根側枝，其他修剪乾淨。第 3 年過後在冬天之前，可將前一年伸長的新梢疏枝或強剪，修剪樹形。

【枇杷的栽培】挑選日照充足、排水良好的場所。整土時將腐葉土混入土壤中。於 2 月下旬～3 月下旬定植。事先架設支架固定。會在冬季開花結果實，所以應於 9 月修剪。將重疊的枝條進行疏枝，並且將粗大的枝條前端剪下。由於生長旺盛，若放任生長會讓樹木高度變高。

【施肥】無花果於 2 月施放寒肥，6 月和 10 月施放追肥。枇杷於 3 月施放寒肥，6 月和 9 月施放追肥。寒肥使用以油粕為主的有機質肥料，追肥建議使用伯卡西肥。

【摘花蕾、摘果】無花果不需要摘花蕾及摘果。枇杷到了 10 月可進行摘花蕾。在 1 個果房當中可保留下側數段，將上側段摘除。於 3 月下旬～4 月上旬將每個果房留下數顆果實，進行套袋。摘花蕾和摘果保留的數量，大型品種應保留較少，中型品種可保留多一點。

【採收】無花果根據品種約在 6 月下旬～9 月下旬採收。上色成熟後即可採收。枇杷在 5 月中旬～6 月下旬採收。從成熟的果實開始採收。

重點

星天牛也會對於蜜柑等柑橘類造成嚴重危害，所以和枇杷混植也能帶來效果。兩者都能在溫暖地區生長良好，栽培環境也非常相似。

能帶來這些效果

迴避天牛

在稍微遠離無花果的位置栽種枇杷，可達到驅除害蟲的效果。栽種大量無花果樹時，以 10 棵無花果：1 棵枇杷的比例栽種即可

枇杷
韭菜
天牛的危害較少

有可能會發生白紋羽病，因此可以在周圍栽種韭菜（參閱 p.124）

無花果
單獨栽種時天牛的危害較嚴重

柿子 X 茗荷

促進生長

減少柿子未成熟果實的落果情況，茗荷也能生長良好

過去許多日本家庭都會在庭院栽種柿子樹。同時也經常在樹木基部栽種茗荷。想必自古以來就已經得知兩種植物適合一起栽種。

柿子在 5 月下旬開花後，於 6 月下旬～9 月中旬會出現未成熟果實自然掉落的「生理落果」現象。原因之一是夏季的乾燥。將茗荷栽種於柿子樹的基部，可帶來保濕作用，減少生理落果，增加採收量。茗荷不喜歡強烈陽光和乾燥，在柿子樹冠的半日照下能生長良好。

另外，茗荷到了 11 月中旬，枯萎的莖葉會覆蓋地面，抑制冬季的雜草生長。可將枯萎的莖葉修剪鋪在周圍，可在冬季分解成柿子樹的養分。

茗荷在柿子樹植株基部的半日照環境也能生長良好

栽培程序

【挑選品種】柿子和茗荷都不需要特別挑選品種。

【柿子的定植】挑選日照充足的場所，於 11～3 月定植。如果是市售的嫁接苗，大約在定植第 4 年就能採收。

【茗荷的定植】適期為 3 月中旬。於距離柿子樹基部 30cm 處，以株距 40cm 沿著圓形定植茗荷的種株（種根）。如果要定植在已經栽種的柿子樹周圍，應栽種於樹冠內側、遠離基部的位置。

【追肥】柿子於 12～1 月施放寒肥，7 月和 10 月施放追肥共 3 次。茗荷不需要特別施肥。

【採收】柿子從上色的果實開始採收。茗荷第 1 年可於秋季採收，第 2 年可於夏天採收茗荷花。觀察地面的同時隨時挖起採收。

【柿子樹的整枝】修剪成主幹型樹形。整枝應於冬季的落葉期進行。第 1 年將主幹修剪至 70～80cm。第 2 年將最上方的枝條強剪至 1/3，並將其他側枝去除。第 3 年將最上方的枝條強剪一半，下側枝條保留 2 根。之後修剪 2 年枝，留下 1 年枝當作結果枝。

重點

茗荷經過 3 年後會增加植株，使生長狀況變差。可將種株挖起，考量柿子樹冠寬度慢慢移植至外側。

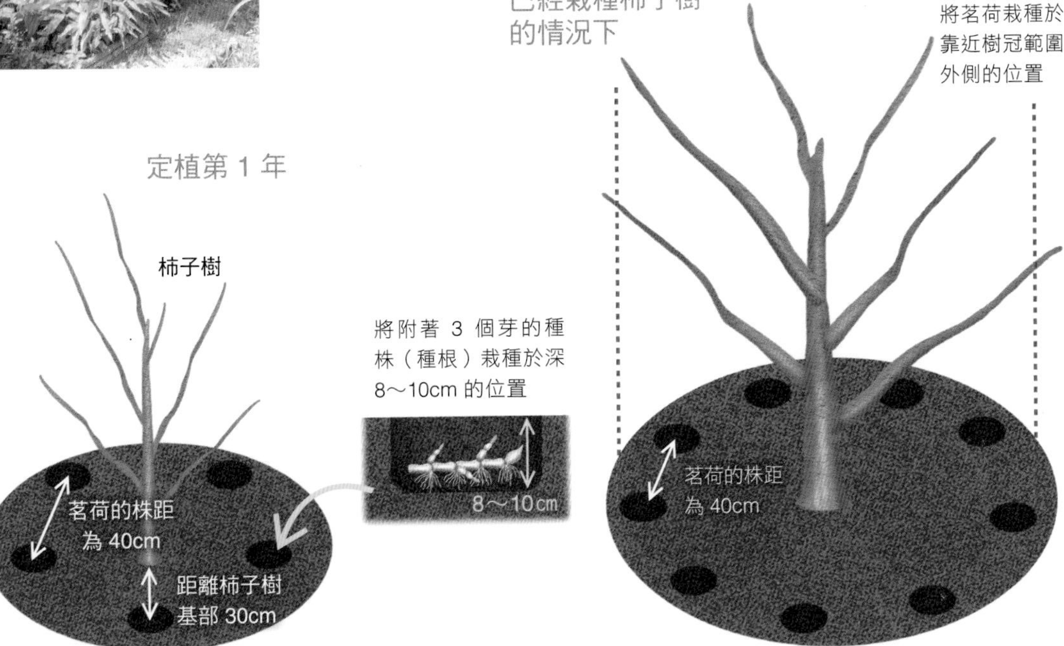
定植第 1 年
柿子樹
將附著 3 個芽的種株（種根）栽種於深 8～10cm 的位置
8～10cm
茗荷的株距為 40cm
距離柿子樹基部 30cm
日照充足的場所
已經栽種柿子樹的情況下
將茗荷栽種於靠近樹冠範圍外側的位置
茗荷的株距為 40cm
日照充足的場所

李子 X 韭菜

預防疾病

用韭菜包圍樹幹的邊緣 防止疾病的發生

李子（毛梗李、加州李等）有時候會出現春天的萌芽或新梢的生長狀況不佳，或是樹冠外側的葉片顏色不夠翠綠。雖然結出大量花芽，果實卻無法增大，樹木的生長勢漸漸衰弱。這是一種叫做白紋羽病的病害，白紋羽病菌會侵入根系，伸展菌絲至維管束使其阻塞，因此最後會讓樹木枯萎。也是經常發生於梅樹、蘋果、梨子等果樹的病害。

可藉由韭菜的抗菌作用，以及和根系共生的善玉菌所分泌的抗生物質來防治。這也是部分生產者之間流傳的栽培方法。

應用：對於杏桃、梅子等李類（李亞屬）的樹種也有效果。

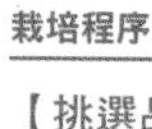

栽培程序

【挑選品種】李子有許多需要授粉樹的種類，栽培時應多加注意。韭菜不需要特別挑選品種。

【李子的栽培】挑選日照充足、排水良好的場所。排水不良容易發生白紋羽病。可藉由成熟堆肥和腐葉土改良土壤。於11～3 月定植，栽種時稍微淺植。將主枝修剪成 50cm 高度，於第 2 年冬天留下 2 根主要枝條，並且斜向誘引。第 3 年之後將伸展的枝條修剪，使其長出短果枝。

【韭菜的定植】以 5 月中旬～6 月中旬為適期，不過在冬天以外的時期也能栽種。於遠離柿子樹基部，長出新根附近（樹冠邊緣附近）像是圍繞樹木般以圓形定植。

【追肥】李子於 2 月施放寒肥，5 月和 10 月施放追肥。韭菜不需要特別施肥。

【採收】根據種類而異，不過毛梗李大約在 6 月下旬～8 月下旬，加州李大約在 8 月下旬～9 月下旬採收。從上色的成熟果實開始採收。韭菜可參閱 p.63。

重點

白紋羽病也會發生在李子以外的果樹。主要在寒冷地區栽培的蘋果等果樹，則是有和細香蔥混植的傳承農法。

將韭菜混植於李樹植株基部的實際案例

已有栽種李樹的情況下

白紋羽病會造成新芽或葉片變黃，樹冠邊緣容易出現花芽異變
樹冠周圍的枝葉和根部周圍連接在一起
株距
30cm
像是圍繞樹冠邊緣般定植韭菜

定植苗木時

李樹
定植時將主枝修剪至 50cm 高
阻止白紋羽病菌從周圍入侵
株距
30cm
將韭菜於李樹基部 30cm 處以圓形圍繞栽種

橄欖 X 馬鈴薯、蠶豆等

活用空間

促進生長

利用植株基部空間
於冬季至初夏栽培蔬菜

為義大利、西班牙等地中海沿岸各國的橄欖有機栽培農園常見的混植方法。利用橄欖樹基部多餘的空間，於晚秋至初夏之間栽種馬鈴薯、蠶豆、洋蔥等蔬菜。由於環境變得豐富多樣，所以能減少橄欖的害蟲。另外，藉由混植可以使菌根菌的菌絲讓連結網變得更發達，使不同種類的植物之間能互相傳遞養分，彼此促進生長。由於橄欖屬於常綠樹，可為蔬菜抵擋寒風。

栽種整片蔬菜以外的豆科綠肥作物---野豌豆，可在春天達到保濕作用，和根系共生的根瘤菌還能使土壤變得肥沃。

栽培程序

【挑選品種】若要採收橄欖果實，基本上都需要授粉樹。馬鈴薯、蠶豆、洋蔥不需要特別挑選品種。

【李子的栽培】挑選日照充足、排水良好的場所。偏好中性土壤，所以在整土時可將腐葉土連同苦土石灰混入土壤。定植後修剪成 50cm 高度，第 2 年之後可將 2～3 月長出的枝條隨時修剪，增加枝條數。於 7 月中旬～8 月中旬進行摘果。

【馬鈴薯、蠶豆、洋蔥的栽培】馬鈴薯參閱 p.80，蠶豆、洋蔥可參閱 p.64～65。

【追肥】橄欖於 3 月施放寒肥，6 月和 11 月施放追肥。其他的蔬菜可依照每種栽培方式進行。

【採收】橄欖的採收時期為 10～11 月。

重點

橄欖樹栽種於盆栽內時，可以和不太佔栽培面積的洋蔥、韭菜等混植。能有效防治橄欖的白紋羽病發生。也可以栽種麥類。

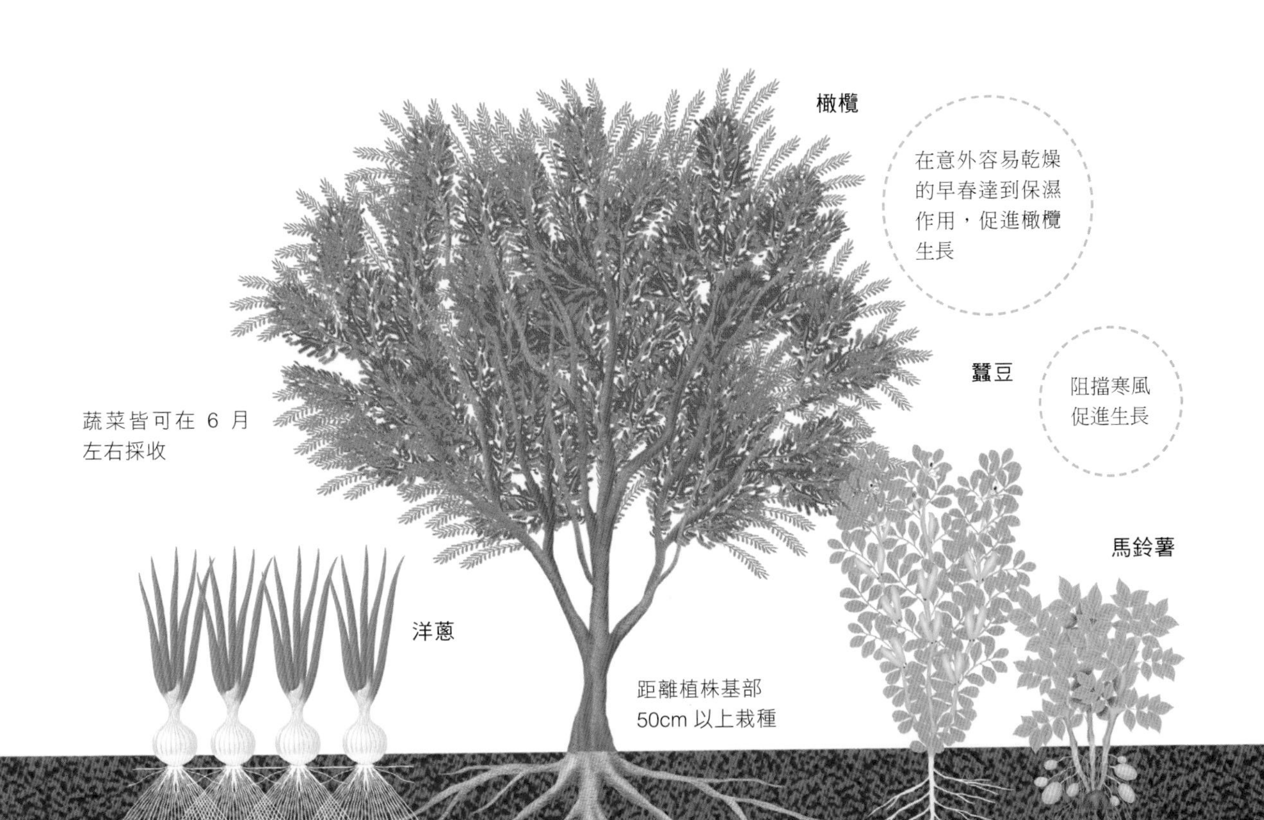
橄欖
在意外容易乾燥的早春達到保濕作用，促進橄欖生長
蠶豆
阻擋寒風促進生長
蔬菜皆可在 6 月左右採收
馬鈴薯
洋蔥
距離植株基部 50cm 以上栽種

共生植物一覽表

適合一起栽種的組合以及所期待的效果

作物	共生植物	預防疾病	迴避害蟲	促進生長	活用空間	接力栽培	頁數
草莓	矮牽牛			●			69,89
	大蒜	●	●	●	●		69,88
	大蔥	●	●	●	●		88
無花果	枇杷		●				122
四季豆	芝麻菜		●	●	●		46
	茄子		●	●	●		18
	地瓜		●	●	●		79
	苦瓜		●	●	●		47
	玉米		●	●	●		38
梅子	龍鬚菜			●	●		–
毛豆	玉米		●	●			42,69
	火焰生菜		●	●			44
	薄荷		●				45
	紅蘿蔔		●	●		●	75,98
	大白菜			●		●	96
	白蘿蔔			●		●	98
	越冬青花菜			●		●	110
秋葵	豌豆			●	●		69
	大蒜	●		●		●	105
橄欖	馬鈴薯、蠶豆、洋蔥			●	●		125
柿子	茗荷			●			123
蕪菁	紅蘿蔔		●	●			76
	青蔥	●	●	●			70
	葉萵苣		●				71
	茼蒿		●				58,71
南瓜	大麥	●		●			31
	三葉草、車前草	●		●			–
	大蔥	●		●			30
	玉米			●	●		28,92
	看麥娘	●	●	●			35
	洋蔥	●		●	●	●	106
	茄子	●				●	–
醋栗類	野豌豆			●	●		121
高麗菜	陽光生菜		●				48
	紅蘿蔔		●				–
	一串紅		●				–
	繁縷、白三葉草		●	●		●	36,51
	白蘿蔔	●					103
春季高麗菜	蠶豆		●	●	●		50,69
小黃瓜	大蔥	●					26
	麥	●	●				27,69
	山藥			●	●		24
	大蒜	●		●		●	101
牛蒡	麗韭			●		●	108
	菠菜			●	●		57
小松菜	紅藜、白藜			●			36,55
	茼蒿		●				58
小松菜	韭菜	●	●				55
	紅蘿蔔		●	●			76
	葉萵苣		●				54,71
苦瓜	山原繁縷		●	●			–
	四季豆（蔓性）		●	●	●		47
	韭菜	●					–
蒟蒻薯	燕麥	●					–
地瓜	紫蘇		●	●	●		78
	豇豆（無蔓）		●	●	●		79
	四季豆		●	●	●		79
	白蘿蔔			●		●	104
芋頭	生薑			●	●		84
	馬鈴薯			●	●	●	80
	白蘿蔔			●	●		69,86
	洋香菜			●	●		87
	芹菜		●	●	●		87
	玉米		●	●	●		41
紫蘇	紫蘇、青紫蘇		●				90
馬鈴薯	羊蹄草	●	●	●			82
	芋頭			●	●	●	80
	紅藜、白藜	●	●	●			82
	芹菜			●	●		83
	橄欖			●	●		125
	越冬青花菜			●		●	111
茼蒿	十字花科蔬菜		●				58,60
	羅勒		●				59
生薑	芋頭			●	●		84
	茄子		●	●	●		16
	青花菜			●	●		–
西瓜	玉米			●	●		28
	大蔥	●					32
	大麥	●		●			31
	馬齒莧			●			33
	菠菜			●		●	99
蠶豆	橄欖			●	●		125
	春季高麗菜		●	●	●		50,69
	洋蔥	●	●	●	●		64
白蘿蔔	繁縷			●			72
	茄子			●	●		19
	萬壽菊		●	●			72
	芋頭			●	●		86
	地瓜			●		●	104
	紅蘿蔔		●	●			76
	芝麻菜		●	●	●		72
	蕪菁			●			77
	毛豆			●		●	98
	高麗菜	●				●	103

作物	共生植物	預防疾病	迴避害蟲	促進生長	活用空間	接力栽培	頁數
洋蔥	絳車軸草		●	●			66
	蠶豆	●	●	●	●		64
	洋甘菊		●				67
	南瓜	●		●	●	●	106
	茄子	●		●		●	107
青江菜	茼蒿		●				58,60
	青蔥	●	●	●			60,70
	葉萵苣		●				60,71
	紅蘿蔔		●	●			76
	番茄		●	●		●	100
玉米	大豆（毛豆）		●	●			42,69
	紅豆		●	●			40
	四季豆（蔓性）		●	●	●		38
	南瓜			●	●		28
	西瓜			●	●		28
	鴨兒芹			●	●		41
	芋頭			●	●		41
	馬齒莧			●			–
番茄	韭菜	●	●				15,69
	青江菜		●	●		●	100
	落花生			●	●		12,69
	羅勒		●	●			14
茄子	香芹菜		●	●	●		20,69
	韭菜	●	●				21
	落花生			●	●		12
	四季豆（無蔓）		●	●	●		18
	生薑		●	●	●		16
	白蘿蔔			●	●		19
	洋蔥	●		●		●	107
韭菜	紅棗			●			63
	李子	●					124
紅蘿蔔	毛豆		●	●		●	75,98
	白蘿蔔、櫻桃蘿蔔		●	●			76
	蕪菁、青江菜		●	●			76
大蒜	絳車軸草		●	●			–
	草莓	●	●	●	●		88
	秋葵	●		●		●	105
	小黃瓜	●		●		●	101
蔥	菠菜	●		●			56,69
	蕪菁	●	●	●			70
大白菜	金蓮花		●				53
	萵苣		●				–
	燕麥	●	●	●			52,69
	毛豆			●		●	96
芹菜	茄子		●	●	●		20,69
青椒	四季豆		●	●	●		18
	金蓮花		●				22
	落花生			●	●		12
	韭菜	●	●				23
	菠菜、萵苣			●	●	●	102
葡萄	車前草	●					119
葡萄	酢醬草		●				–

作物	共生植物	預防疾病	迴避害蟲	促進生長	活用空間	接力栽培	頁數
李子	韭菜	●					124
藍莓	薄荷		●	●			120
青花菜	一串紅		●				49,68
	萵苣		●	●	●		48,62
	生薑			●	●		–
	蠶豆		●	●	●		50
	繁縷、白三葉拗		●	●			51
	菠菜			●		●	109
	毛豆			●		●	110
	秋季馬鈴薯			●		●	111
菠菜	青蔥	●		●			56,60
	牛蒡			●	●		57
	十字花科蔬菜		●				60
	西瓜			●		●	99
	青椒			●	●	●	102
	青花菜			●		●	109
蜜柑（柑橘類）	鼠茅、長柔毛野豌豆	●	●	●			118
	酢醬草		●				–
水菜	馬齒莧			●			–
	葉萵苣		●				71
	茼蒿		●				58
	韭菜	●	●				55
生薑	迷迭香			●	●		91
	柿子			●			123
哈密瓜	細香蔥	●					34
	看麥娘	●	●	●			35
	大蔥	●					34,69
裸麥	紫雲英			●			–
落花生	番茄			●	●		12
	茄子、青椒			●	●		12
薤	牛蒡			●		●	108
櫻桃蘿蔔	羅勒		●				74
	紅蘿蔔		●	●			76
萵苣	十字花科蔬菜		●				48,54, 62,71
迷迭香	茗荷			●	●		91

應避免的組合

作物	應避開的作物	會出現的障礙
草莓	韭菜	使生長惡化
小黃瓜	四季豆	增加線蟲
西瓜	四季豆	增加線蟲
白蘿蔔	大蔥	使根部分裂
番茄	馬鈴薯	使生長惡化
茄子	玉米	使生長惡化
紅蘿蔔	四季豆	增加線蟲
馬鈴薯	高麗菜	使生長惡化
哈密瓜	四季豆	增加線蟲
萵苣	韭菜	使生長惡化
高麗菜	芝麻	使生長惡化
各種蔬菜	香草類	使生長惡化

PROFILE

木嶋利男（Kijima Toshio）

東京大學農學博士。MOA自然農法文化事業團理事。曾任栃木縣農業試驗場生物工學部長等，致力於自然農法、傳承農法的研究及後繼者的養成。著有《定植與播種豐收密技：掌握成長的重要時期》（家之光協會）、《家庭菜園的土壤科學》（講談社Blue backs）等多本書籍。

TITLE

蔬果花草共生祕訣

STAFF

出版	瑞昇文化事業股份有限公司
作者	木嶋利男
譯者	元子怡
總編輯	郭湘齡
文字編輯	徐承義　蕭妤秦
美術編輯	謝彥如　許菩真
排版	菩薩蠻數位文化有限公司
製版	明宏彩色照相製版有限公司
印刷	桂林彩色印刷股份有限公司
法律顧問	經兆國際法律事務所　黃沛聲律師
戶名	瑞昇文化事業股份有限公司
劃撥帳號	19598343
地址	新北市中和區景平路464巷2弄1-4號
電話	(02)2945-3191
傳真	(02)2945-3190
網址	www.rising-books.com.tw
Mail	deepblue@rising-books.com.tw
本版日期	2020年11月
定價	350元

ORIGINAL JAPANESE EDITION STAFF

デザイン	山本 陽（エムティ クリエイティブ）
イラスト	山田博之
構成・文	三好正人
写真協力	木嶋利男、高橋 稔、瀧岡健太郎、若林勇人
校　正	佐藤博子
DTP制作	天龍社

國家圖書館出版品預行編目資料

蔬果花草共生祕訣 / 木嶋利男作 ; 元子怡譯. -- 初版. -- 新北市 : 瑞昇文化, 2019.11
128面 ; 18.8x25.7公分
譯自 : 決定版　コンパニオンプランツの野菜づくり
ISBN 978-986-401-379-1(平裝)

1.蔬菜 2.果樹類 3.植物 4.栽培

435.2　108017173